Tin Rabuzin

Proteção da corrente do veio

Tin Rabuzin

Proteção da corrente do veio

Imprint

Any brand names and product names mentioned in this book are subject to trademark, brand or patent protection and are trademarks or registered trademarks of their respective holders. The use of brand names, product names, common names, trade names, product descriptions etc. even without a particular marking in this work is in no way to be construed to mean that such names may be regarded as unrestricted in respect of trademark and brand protection legislation and could thus be used by anyone.

Cover image: www.ingimage.com

This book is a translation from the original published under ISBN 978-3-659-82975-8.

Publisher:
Sciencia Scripts
is a trademark of
Dodo Books Indian Ocean Ltd. and OmniScriptum S.R.L publishing group

120 High Road, East Finchley, London, N2 9ED, United Kingdom
Str. Armeneasca 28/1, office 1, Chisinau MD-2012, Republic of Moldova, Europe
Printed at: see last page
ISBN: 978-620-8-17353-1

Índice:

Resumo

A proteção da corrente do veio em hidro e turbo geradores é uma questão importante de proteção do gerador. As correntes que circulam no veio do gerador podem danificar os rolamentos do gerador, o que, por sua vez, pode reduzir o tempo de funcionamento e causar grandes perdas financeiras. Por conseguinte, é importante impedir o funcionamento do gerador em condições de correntes de veio elevadas.

Neste projeto, a tarefa consistia em desenvolver um sistema de medição e proteção capaz de funcionar em determinadas condições. O dispositivo de medição tem de ser capaz de medir com precisão correntes inferiores a 1 A num veio de gerador que pode variar em diâmetro de 16 cm a 3 m. Além disso, essas correntes podem aparecer em frequências iguais a múltiplos da frequência da linha. O dispositivo deve ser colocado num espaço limitado e na proximidade do gerador. Assim, é expetável a existência de fluxos parasitas que podem influenciar as medições. Além disso, uma vez que as correntes que têm de ser medidas são baixas, a saída de um dispositivo de medição é normalmente um sinal de baixo nível. Este sinal teve de ser considerado e adaptado de forma a poder ser utilizado com um relé numérico.

Após uma revisão da literatura e uma panorâmica das soluções possíveis, a bobina de Rogowski foi escolhida como o dispositivo de medição que será objeto de uma análise mais aprofundada. Foram considerados dois outros transformadores de corrente que serviram de boa comparação com a bobina de Rogowski. Foram efectuados vários testes e medições diferentes nos dispositivos de medição mencionados. Além disso, foi investigado como a IEC61850-9-2 e a Unidade de Fusão (MU) poderiam ser utilizadas nesta aplicação. Após esta investigação, foram montados em laboratório sistemas de proteção completos, que foram testados.

Para avaliar o comportamento dos diferentes sistemas em ambiente real, foi construída uma instalação de teste na central hidroelétrica de Hallstahammar. Esta instalação incluía sistemas tradicionais, com sinais de medição ligados à relaya, e a que utilizava conceitos de Process Bus e Merging Unit. As medições e os testes aí efectuados serviram como prova final do sucesso dos sistemas de proteção.

Os resultados mostraram que a bobina de Rogowski era uma escolha adequada para um dispositivo de medição devido às suas propriedades mecânicas e eléctricas benéficas. Além disso, os testes efectuados com a corrente real do veio mostraram vantagens da utilização da bobina Rogowski em conjunto com a unidade de fusão e o barramento de processo em relação aos sistemas de proteção tradicionais. No entanto, foi confirmado que ambos os tipos de sistemas satisfazem os requisitos do projeto.

Palavras-chave: corrente de veio, bobina de Rogowski, proteção do gerador, Merging Unit, barramento de processo

Referência

O objetivo do axelstrommar em geradores de energia eléctrica ou turbo-geradores é muito viável. Os geradores de energia podem ser alimentados por uma assimetria de pamagnetismo em estado estacionário. Denna osymmetri ger upphov till en inducerad spanning i axeln som sedan kan ge en axel-strom vid kortslutning av isolationen som rotorns lager vilar pa. Om axel-strämmen gar genom generatorns lager, kan lagret skadas allvarligt. Detta kommer i sin tur minska drifttiden och orsaka stora ekonomiska fäorluster vid produktionsbortfall. Däarfäor äar det viktigt att detektera om det gar axelsträmmar genom generatorns lager.

O objetivo do estudo foi a criação de um sistema de medição e de controlo do fluxo de ar para a remoção de tensões no eixo do motor. Den matande enheten maste kunna detektera strommar mindre an 1 A i generatoraxeln vilken kan variera i diameter fran 16 cm upp till 3 m. Dessutom kan dessa stroämmar ha frekvenser lika med eller multiplar av kraftnäatets frekvens (50 eller 60Hz). O gerador deve ser monitorizado no interior do estator do gerador. A falta de fluxo do estator pode forçar o seu crescimento, o que pode causar uma maior pressão sobre o mesmo. Eftersom axelstrommen som mats ar lag, ar utsignalen fran den matande enheten vanligtvis en lagnivasignal. Denna laga signalnivamaste anpassas saatt den kan användas i ett numeriskt rela, vilka vanligtvis kraver hägre energinivaer paingangsignalerna.

Efter genomfäord litteraturstudie och oäversikt oäver mäojliga loäsningar, kon- kluderades det att en läosning med Rogowski spole som maätanordning borde vara intressant, och denna analyserades ytterligare. Tvastromtransformatorer med konventionell konstruktion med karna av elektroplat valdes som jämforelse med losningen baserad paRogowski spole. Flera olika tester och matningar gjordes. Dessutom undersäoktes hur en process-bus läosning enligt IEC61850-9-2LE med en Merging Unit (MU) skulle kunna anväandas i denna tilläampning. Todos estes avisos têm um sistema completo para monitorização e teste em laboratório.

Para registar as funções de todos os sistemas de controlo num grande número de unidades, o sistema completo de controlo laboratorial foi instalado numa fábrica em Hallstahammar. I detta vattenkraftverk ingar traditionella skydd- , styrnings- och kontroll-system och äaven en äaldre läosning fäor att skydda gen- eratorn mot axelsträommar. O homem pode obter uma grande prestação de serviços através de outros sistemas de controlo baseados em transformadores de pastilhas de construção convencional com um painel de controlo elétrico ou um sistema de controlo com uma bobina Rogowski. Os sinais de sinalização são fornecidos através de um sinal numérico, e a resposta ao Rogowski spolen é fornecida através de um sinal numérico. Maätningar och tester som gjordes i kraftstationen kunde tas som ett slutligt bevis paatt de olika losningarna baserade pa Rogowski spole ar en framtida läsning fär ett val fungerande axel-sträoms skydd fäor generatorer.

Os resultados mostram que o Rogowskispolen é um fator de valor acrescentado para os utilizadores de produtos de saúde de natureza mecânica ou eléctrica. Os testadores que trabalharam com um sistema de eixos verticais viram resultados muito satisfatórios ao tentar utilizar o sistema Rogowski em combinação com a MU e o barramento de processo, em conjunto com o sistema tradicional de céu. A ideia de criar um sistema e a sua utilização através da MU é uma das principais caraterísticas do projeto.

Nyckelord: axelström, lagerström, Rogowskispole, generatorskydd, Merging Unit, process bus

Agradecimentos

Antes de mais, gostaria de agradecer ao meu examinador, o Prof. Lars Nordstrom, por me ter dado orientações durante o trabalho de tese e conselhos relativamente à minha futura carreira. As suas palavras foram sempre inspiradoras.

Durante a minha estadia na ABB SA Products, também tive muita ajuda e orientação. Um agradecimento sincero ao meu supervisor, Zoran Gajic, que me deu a oportunidade de trabalhar neste projeto e pelos seus valiosos comentários e conselhos. Um agradecimento especial a Odd Werner-Erichsen e Mohammad Khorami, que tiveram paciência suficiente para responder às minhas infindáveis perguntas e me ajudaram a realizar este trabalho. Estou igualmente grato a Kjell Westberg por ter organizado a minha formação e por todos os seus esforços relativamente ao meu trabalho.

Aos meus colegas e amigos que partilharam comigo momentos difíceis e divertidos em Vasteras, obrigado.

Por último, mas não menos importante, a minha mais profunda gratidão aos meus pais, irmãos, namorada e avós. Têm sido o meu maior apoio emocional e encorajamento ao longo dos meus estudos. Esta viagem não seria possível sem eles.

CAPÍTULO 1

Introdução

A proteção da corrente do veio em hidro e turbo geradores é uma questão importante de proteção do gerador. As correntes que circulam no veio do gerador podem danificar os rolamentos do gerador, o que, por sua vez, pode reduzir o tempo de funcionamento e causar grandes perdas financeiras. Por conseguinte, é importante impedir o funcionamento do gerador em condições de correntes de veio elevadas.

A geração de força eletromotriz (EMF) no veio é regida pelos princípios explicados no Capítulo 2. Este capítulo também aborda a forma como as correntes de veio podem ser reduzidas. Normalmente, a primeira linha de defesa contra as correntes de veio é a ligação à terra. Isto também evita que o veio seja carregado eletricamente. Os veios dos turbo-geradores são ligados à terra através do anel deslizante no lado do motor principal (ilustrado na Figura 1.1) e, no caso dos hidro-geradores, o veio é ligado à terra através da água na turbina (ilustrado na Figura 1.2).

Se, por qualquer razão, o pedestal da chumaceira do outro lado do rotor estiver ligado à terra, a tensão é imposta à chumaceira. A rutura do isolamento da chumaceira conduz a correntes elevadas e à destruição da chumaceira. As consequências das correntes elevadas são descritas no capítulo 2. Por outro lado, considera-se que as correntes de veio inferiores a 1 A não causarão quaisquer danos.

Normalmente, as correntes de veio são medidas pelo transformador de corrente de veio que é colocado entre a turbina e o gerador nos hidrogeradores e entre a chumaceira não isolada e o gerador nos turbo-geradores. Medições

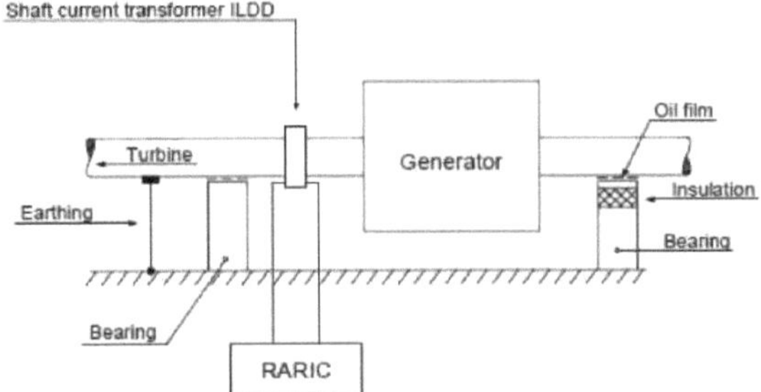

Figura 1.1: Instalações RARIC anteriores em turbo-geradores [20]

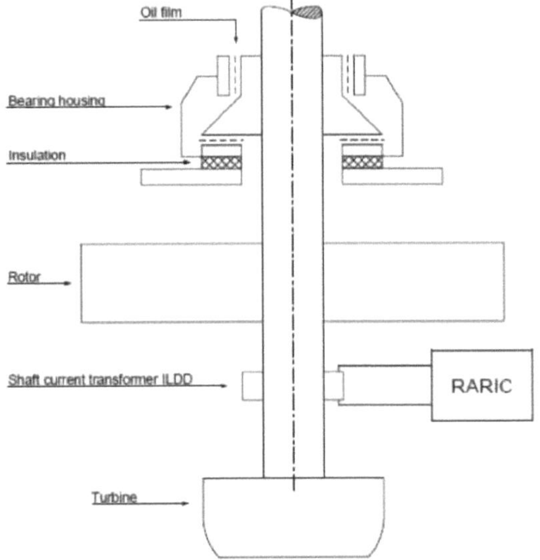

são então utilizados pelo relé de proteção que, em caso de correntes excessivas, dispara a unidade. Alguns problemas estão associados aos transformadores de corrente de eixo. A instalação de um transformador tão grande e pesado num espaço confinado, onde normalmente é colocado, é difícil e consome muito tempo. Além disso, tem de medir com precisão correntes primárias de baixo nível (menos de 1 A) num grande condutor que é o veio. Isto faz com que a sua corrente secundária esteja a um nível muito baixo. Além disso, uma vez que está instalado na proximidade do gerador, é possível que haja uma elevada influência do fluxo parasita do gerador nas medições. As figuras 1.1 e 1.2 mostram a solução anterior da ABB com o transformador de corrente de veio, ILDD, e o relé de sobrecorrente de veio, RARIC.

Neste projeto, teve de ser encontrada uma nova solução para a proteção da corrente do veio. O requisito da solução para o novo sensor de corrente era que este tivesse de apresentar melhores propriedades mecânicas e eléctricas do que o transformador de corrente do veio. Deve ser fácil de montar e de montar. Além disso, uma vez que se pressupõe a utilização de um relé numérico para fins de proteção, as suas grandezas secundárias devem ser adequadas às suas entradas. Neste projeto, foi utilizado o relé REG670 2.0 da ABB. O Apêndice A fornece ao leitor uma visão geral e a possível configuração deste relé. Além disso, são apresentados os resultados da investigação do desempenho de medição do relé numa gama de baixos níveis de corrente ou tensão.

No capítulo 2, é feita uma revisão da literatura sobre os possíveis sensores de corrente que podem ser utilizados neste caso. Os sensores selecionados são depois analisados e os resultados são apresentados no Capítulo 3.

O capítulo 4 apresenta sistemas completos de proteção contra a corrente de veio que consistem em dispositivos de medição, relé de proteção e/ou amplificador. Esses sistemas são testados e são efectuadas diferentes medições. Além disso, este capítulo apresenta uma visão geral de parte da norma de automação de subestações IEC61850-9-2. Investiga e propõe a possível utilização do barramento de processo e da unidade de fusão para esta aplicação.

Após o trabalho de laboratório, os sistemas analisados no Capítulo 4 foram instalados na central hidroelétrica de Hallstahammar para serem testados numa instalação real. As medições e os resultados dos ensaios são apresentados no Capítulo 5.

O relatório é concluído com o Capítulo 6, onde todos os resultados são resumidos e são apresentadas conclusões. Além disso, são sugeridos trabalhos futuros que podem ser efectuados sobre este tema.

CAPÍTULO 2

Correntes de eixo e tensões em geradores

2.1 Teoria das tensões e correntes de veio

O tema das correntes de veio em geradores tem sido investigado desde o início do século passado. Por conseguinte, já existe conhecimento sobre este fenómeno. Talvez uma das primeiras tentativas de explicar minuciosamente todas as causas das correntes de veio data de 1923 [3]. A maioria das discussões sobre essas causas em artigos publicados posteriormente baseia-se nas conclusões apresentadas em [3].

De acordo com [3] e [6], a fonte mais importante e mais comum de correntes de veio é devida à assimetria no campo da armadura. Por conseguinte, as soluções apresentadas neste trabalho centrar-se-ão nesta fonte de correntes de veio.

Como se pode ler em [5], "... *num alternador perfeitamente construído, tanto a prática como a teoria dizem-nos que não existe tal corrente vagabunda e que a causa deve ser procurada nas desigualdades construtivas*". Em suma, não existiriam correntes de veio numa máquina perfeitamente fabricada.

Numa máquina multipolar, como um gerador síncrono, o fluxo que passa pelo veio divide-se em duas partes. Uma parte toma a direção contrária à dos ponteiros do relógio e a outra toma a direção dos ponteiros do relógio. Se essas duas partes não forem iguais devido a dissemelhanças magnéticas, o fluxo resultante circulará em torno da forquilha, como se mostra na Figura 2.1. O fluxo em circulação induzirá então tensão no veio do gerador. Como já foi mencionado, as dissimilaridades magnéticas são causadas por *"tolerâncias de fabrico normais"* [6]. Se não forem evitadas de forma alguma, a tensão induzida no veio gerará corrente num circuito que consiste no veio, no(s) rolamento(s) e na base.

Em [3] são discutidas duas causas de dissimilaridades magnéticas em máquinas eléctricas. São elas o estator seccionado e a utilização de punção segmentar. Dependendo do número de pólos e juntas ou segmentos no núcleo do estator, a corrente de veio é gerada com uma determinada frequência. Verifica-se em [3] que, se o rácio do dobro do número de juntas, J, e de pólos, P, na equação 2.1, reduzido ao seu termo mais baixo, tiver um número ímpar no numerador, existirão correntes de veio com uma frequência que será igual a A x f, em que f é a frequência da linha.

$$\frac{A}{B} = \frac{2 \times J}{P} \qquad (2.1)$$

Do mesmo modo, se a razão entre o quádruplo do número de segmentos e o número de pólos, reduzida aos seus termos mais baixos, tiver um número ímpar no numerador, as correntes de veio

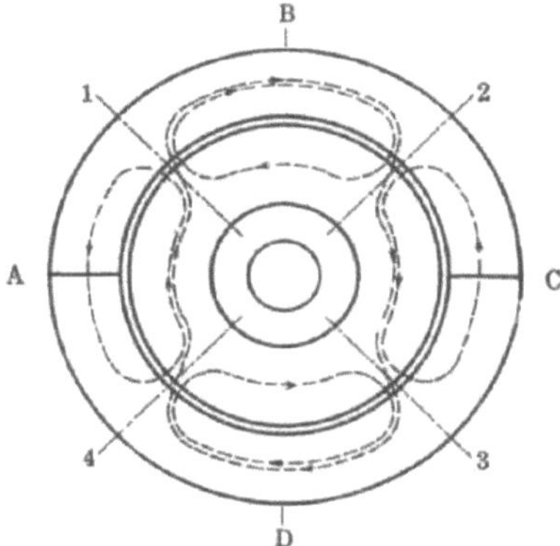

Figura 2.1: Fluxo que provoca tensão no veio numa máquina de 4 pólos [3]

existirá com uma frequência igual a A x f.

$$\frac{A}{B} = \frac{4 \times S}{P} \qquad (2.2)$$

De acordo com [22], *"O número de juntas é o número de segmentos por círculo, S, vezes o número de camadas antes da repetição do padrão, geralmente 2"*. Por conseguinte, pode ser escrito da seguinte forma: J =2x S. Também se afirma em [22] que, apesar do impacto ignorado dos harmónicos espaciais e temporais ou da saturação nas regras acima mencionadas, estes efeitos causarão apenas correntes negligenciáveis se o nomeador A for um número par.

Das regras acima indicadas, pode concluir-se que, se existir corrente de veio, a frequência desta corrente será igual à frequência da linha ou a múltiplos ímpares da frequência da linha.

No entanto, é discutido e confirmado por experiência, em [22], que a regra acima referida não teve em conta certos efeitos (que causam assimetria magnética). Por esta razão, é de esperar que as correntes de veio contenham harmónicas com frequências iguais a múltiplos da frequência da linha. Este facto foi também confirmado por medições efectuadas em [6].

Os resultados apresentados nesta secção serão importantes para a definição do filtro no Dispositivo Eletrónico Inteligente (DEI) referido no Apêndice A.

2.2   Danos nos rolamentos

Os efeitos das correntes de veio nos danos das chumaceiras são discutidos em [6] e os resultados serão aqui apresentados.

Existem quatro tipos de danos nas chumaceiras: congelamento, rastos de faíscas, corrosão e soldadura. Cada um deles será brevemente apresentado.

2.2.1   Cobertura

A formação de gelo é o tipo mais comum de danos em rolamentos devido a correntes de veio. Os danos não são perceptíveis ao olho humano. A visão microscópica dos danos revela crateras cujos fundos são redondos e brilhantes. Isto indica a fusão do material. Este tipo de danos, em que o material é removido, ocorre durante a descarga de tensão. Por vezes, os danos provocados por ataques químicos podem ser confundidos com danos provocados por corrente de veio. A Figura 2.2 mostra uma vista microscópica de um dano por congelação.

2.2.2   Pitting

Os danos por picadas, mostrados na Figura 2.2 à esquerda, são semelhantes aos danos por congelamento, exceto que são muito maiores em tamanho, uma vez que a sua fonte é poderosa. Os danos por picadas ocorrem de forma mais aleatória e não cobrem toda a área como o gelo. Por vezes é possível contar o número de descargas.

2.2.3   Pistas de ignição

O aparecimento inicial de rastos de faíscas, à direita na Figura 2.2, parece ser um dano causado por partículas estranhas no óleo de lubrificação ou de vedação. No entanto, as pistas de faíscas são irregulares e não seguem a direção de rotação. A parte inferior das pistas está derretida e os cantos são afiados.

2.2.4   Soldadura

A soldadura é causada por correntes muito elevadas (centenas de amperes). É facilmente percetível a olho nu. As peças soldadas têm normalmente de ser divididas com uma marreta ou outros meios mecânicos.

Figura 2.2: Danos na chumaceira - corrosão, formação de gelo e rastos de faíscas [23] [9]

2.   3Métodos de mitigação

Há principalmente duas coisas que podem ser feitas para evitar as correntes de veio. Trata-se do isolamento das chumaceiras e da ligação à terra do veio (no caso dos turbogeradores). Com estes dois métodos, tenta-se isolar a corrente de veio ou redirecionar o seu fluxo. As duas secções seguintes analisarão em pormenor estes dois métodos. Ultimamente, tem-se trabalhado mais no tema das correntes de veio e foram encontradas mais soluções para as correntes de veio [25]. No entanto, essas soluções lidam maioritariamente com correntes geradas devido à utilização de inversores. Por conseguinte, não são aplicáveis ao caso aqui estudado.

Como descrito anteriormente, se o isolamento da chumaceira falhar, as correntes do veio fluirão e destruirão as chumaceiras. Nesse caso, as correntes de veio são medidas, seguidas de um aviso ao operador ou de um disparo da unidade. As técnicas de medição possíveis podem ser consultadas na última secção deste capítulo.

2.3.1 Isolamento de rolamentos

A maioria dos rolamentos isolados no mercado pode ser encontrada em dois grupos, rolamentos revestidos e rolamentos híbridos [8], [27].

Nos rolamentos híbridos, os corpos rolantes são feitos de nitreto de silício e os anéis de rolamento de aço, daí o nome. O nitreto de silício é um composto encontrado em material cerâmico e, neste caso, é utilizado como isolador. Evita que as correntes do veio passem através dos rolamentos, prolongando assim a sua vida útil. Para além das boas caraterísticas de isolamento, este material tem outras boas propriedades mecânicas, tais como resistência ao choque, peso inferior (em comparação com o aço), resistência do material, etc.

O segundo tipo de chumaceiras isoladas são as chumaceiras revestidas. Neste caso, os anéis interior e exterior das chumaceiras são revestidos com material cerâmico. O revestimento é efectuado através do método de pulverização por plasma, em que a camada de óxido cerâmico é aplicada ao material. É duro, resistente ao desgaste e tem uma boa condutividade térmica e, ao mesmo tempo, proporciona isolamento da tensão do veio.

2.3.2 Ligação à terra do veio

Os veios são ligados à terra para evitar que o rotor seja carregado eletricamente [20]. Além disso, nos turbogeradores, a ligação à terra na extremidade de acionamento proporciona um caminho alternativo para a corrente do veio. Em vez de passar pelo rolamento da extremidade de acionamento, esta corrente pode passar pelo ponto ligado à terra. Existem três formas de ligação à terra do veio. Pode ser feito utilizando escovas de ligação à terra, chumaceiras de ligação à terra ou massa lubrificante condutora nas chumaceiras.

Escovas de ligação à terra

As escovas de ligação à terra podem ser utilizadas para uma ligação à terra prática e económica do veio. Elas fornecem um caminho de baixa impedância do eixo para o solo. No entanto, existem alguns problemas bem conhecidos relacionados com a utilização de escovas, tais como a acumulação de oxidação, o desgaste mecânico devido ao contacto com o veio, a redução da eficácia devido à acumulação de contaminantes nas cerdas metálicas e a necessidade de manutenção [17]. Alguns desses problemas são objeto de reflexão e são sugeridas melhorias em [16].

Anéis de ligação à terra

O anel de ligação à terra é um método recente de ligação à terra de veios. As suas vantagens são apresentadas em [14]. O anel de ligação à terra utiliza microfibras para estabelecer contacto elétrico com o veio. Devido ao diâmetro muito pequeno das fibras, a rugosidade da superfície não afecta a resistência entre dois materiais condutores, ao contrário do que acontece com as escovas de ligação à terra. Por este motivo, não é necessário aplicar pressão para manter o contacto elétrico, o que resulta num atrito reduzido e num desgaste insignificante. Os autores também afirmam que as microfibras são resistentes à contaminação. Uma outra vantagem da utilização do anel de ligação à terra é que, mesmo que as fibras percam o contacto físico com a superfície do veio, "ocorrerá uma rutura devido à emissão de um campo local que restabelecerá o contacto elétrico".

Massa condutora

O terceiro método de ligação à terra do veio é através da massa lubrificante nas chumaceiras. Essa massa lubrificante condutora de eletricidade fornece um caminho para a corrente através da chumaceira sem causar arcos. Deve dizer-se que isto, em comparação com os exemplos anteriores, não é uma ligação à terra do veio em si. Neste caso, o veio só é ligado à terra se o pedestal da chumaceira estiver ligado à terra. E então, como foi mencionado, a formação de arcos em rolamentos é evitada. De acordo com [17], as partículas condutoras podem fazer com que o lubrificante seja ineficaz e, por isso, este método foi abandonado.

Ligação à terra da turbina

Os métodos de ligação à terra anteriormente mencionados eram aplicáveis aos turbo-geradores. No caso dos hidrogeradores, a água na turbina fornece uma boa ligação à terra para o veio. Por conseguinte, não é aplicada qualquer ligação à terra adicional ao veio.

2.3.3 Medição da corrente do veio

Para evitar danos nos rolamentos, as correntes excessivas no veio podem ser medidas e a unidade pode ser parada até que o problema seja resolvido. Existem diferentes formas de medir as correntes, que são analisadas nas secções seguintes.

Transformadores de corrente

A primeira escolha óbvia é utilizar o transformador de corrente para medir a corrente do veio. O veio do gerador, como condutor da corrente do veio, actua como um enrolamento primário com uma volta. O núcleo magnético com enrolamento secundário e de teste é montado à volta do veio. O princípio de funcionamento é o mesmo que o de qualquer transformador de corrente e é bem conhecido. Por conseguinte, não será abordado mais pormenorizadamente. Dependendo do tamanho do eixo, o núcleo é construído em duas ou quatro partes. Devido ao seu peso e às dificuldades de ligação das partes do núcleo no local, o transformador de corrente com núcleo magnético não é mecanicamente atrativo.

Como foi referido no capítulo 1, esta solução foi anteriormente utilizada pela ABB. O diagrama do transformador de corrente de veio ILDD é apresentado na Figura 2.3.

O principal problema com o ILDD era sua baixa sensibilidade nos níveis desejados de disparo e alarme. Como descrito em [10], novas soluções para este problema foram investigadas. Entre outras soluções, o projeto do transformador de corrente foi melhorado de forma a

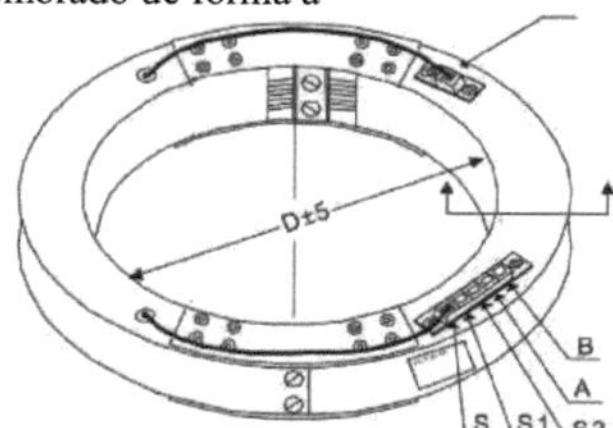

Figura 2.3: Transformador de corrente do veio ILDD [20]

satisfaziam os requisitos do sistema de proteção. No entanto, essas melhorias não se reflectiram na simplicidade da instalação e, por isso, não serão consideradas neste projeto.

Medições da escova de ligação à terra

Na secção anterior, foi abordada a escova de ligação à terra. Para além dos fins de ligação à terra, esta escova também pode ser utilizada para medir tensões de veio. Um exemplo de tal tentativa é apresentado em [15]. Neste exemplo, as medições da corrente e da tensão do veio são efectuadas utilizando várias escovas nas extremidades do veio e escovas de ligação à terra. Sugere-se que a derivação de corrente seja ligada às escovas de ligação à terra, que podem então ser utilizadas como entrada para o equipamento de monitorização, como se mostra na Figura 2.4.

No entanto, o próprio autor mostra como a resistência do cabo de ligação à terra afecta a tensão induzida no veio. Por outras palavras, ao ligar um shunt que é utilizado para medir correntes, a ligação à terra é perturbada. Além disso, tal como descrito nas secções anteriores, as escovas têm alguns problemas associados e, portanto, não só a ligação à terra é afetada como também as medições de corrente no veio.

Bobina de Rogowski

Uma das soluções propostas em [10] é a bobina de Rogowski. O nome da bobina de Rogowski é uma homenagem ao físico alemão Walter Rogowski. Ela foi usada desde o início da

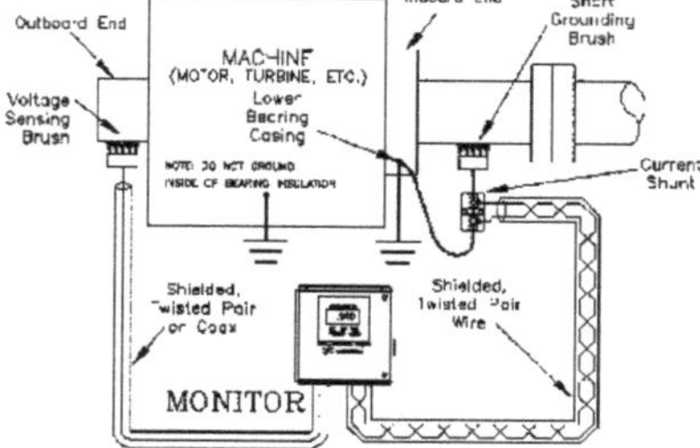

Figura 2.4: Monitorização do estado dos veios (SCM) [16]

no século XVIII. No entanto, só ganhou popularidade nos últimos anos devido à solução de certos problemas associados à bobina de Rogowski. Para fins de proteção, não podia ter sido utilizado anteriormente devido à sua baixa potência de saída, que não podia ser utilizada como entrada para relés electromecânicos. No entanto, com os relés numéricos, os requisitos de potência dos dispositivos de entrada diminuíram e estão a ganhar popularidade [26]. Eles também exibem um comportamento que lhes dá vantagem sobre os TCs convencionais [11].

Algumas das vantagens e desvantagens da utilização da bobina de Rogowski como dispositivo de medição, tal como se encontram na literatura, são apresentadas na Tabela 2.1.

O princípio de funcionamento é bem conhecido e coberto por um grande número de artigos e a sua revisão é apresentada em [24].

Seguindo a lei de Ampere, está escrito

$$i(t) = \frac{1}{\mu_0} \oint \overrightarrow{B(t)} \cdot \overrightarrow{ds} \qquad (2.3)$$

O que a Equação 2.3 diz é que se a densidade do fluxo magnético for integrada em torno do contorno fechado, isso resulta numa corrente que flui no interior do contorno fechado.

Tabela 2.1: Vantagens e desvantagens da bobina de Rogowski

Vantagens	Desvantagens
Sem núcleo de ferro - linear, sem saturação e corrente de magnetização	Necessidade de um circuito de integração
Baixo custo de produção	Saída de baixa tensão
Flexibilidade mecânica, tamanho e peso reduzidos	Ruído de baixa frequência do circuito integrador
Eletricamente seguro quando aberto	Sensibilidade à posição do condutor
Grande largura de banda	Rejeição limitada de campos externos
Não perturbador para o circuito primário	Incapacidade de medir correntes DC
Suporta grandes sobrecargas sem sofrer danos	

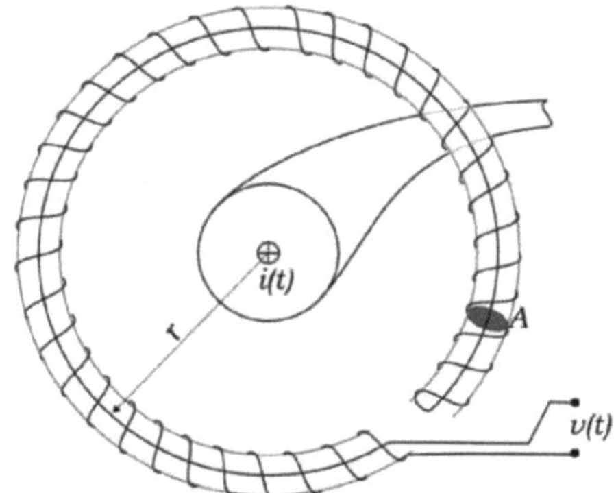

Figura 2.5: Princípio da bobina de Rogowski

A lei de Ampere é a razão pela qual a bobina de Rogowski pode ser flexível e mecanicamente atractiva, ao contrário, por exemplo, dos TCs.

A alteração do fluxo magnético que passa através das espiras da bobina de Rogowski irá, de acordo com a lei de Faraday, induzir tensão. Isto está escrito na seguinte equação.

$$u(t) = N\frac{d\Phi}{dt} \tag{2.4}$$

Se as leis indicadas nas Equações 2.3 e 2.4 forem combinadas, resultam na seguinte equação

$$u(t) = N\int \vec{B}\, d\vec{A} = N\frac{A}{s}\cdot \mu_0 \cdot \vec{i(t)} \tag{2.5}$$

em que N é o número de espiras da bobina de Rogowski, A é a área envolvida por uma única espira e s é o comprimento da bobina. A equação 2.5 estabelece a relação entre a corrente medida e a tensão induzida na bobina de Rogowski.

Para obter a forma de onda da corrente medida, a tensão de saída tem de ser integrada. Existem diferentes métodos possíveis para efetuar a integração, cada um deles com as suas vantagens e desvantagens [21]. Os problemas associados aos circuitos de integração foram a razão pela qual, no início, o Rogowski não era muito utilizado.

Em [7], a bobina de Rogowski é analisada em condições de medição não ideais, como a distribuição não uniforme das espiras, a abertura do terminal, a inclinação do condutor e a influência de campos externos. Todas estas condições são aplicáveis à possível solução do problema da corrente de veio.

No entanto, é demonstrado em [18] que a bobina de Rogowski produz medições exactas das correntes de veio em comparação com a medição descrita na norma IEEE 112-2004. Além disso, algumas medições de correntes de veio com bobinas de Rogowski já foram bem sucedidas [13].

Ambas as medições acima mencionadas utilizaram a bobina de Rogowski há relativamente muito tempo. No entanto, até agora não foi utilizada para fins de proteção da corrente do veio devido à sua baixa potência de saída, que não era suficiente para acionar relés electromecânicos e de estado sólido. Agora, com os relés numéricos, a bobina de Rogowski também pode ser considerada para esses fins.

CAPÍTULO 3

Análise dos dispositivos de medição da corrente do veio

No Capítulo 2, foram apresentadas três soluções de medição que poderiam ser utilizadas para medir as correntes de veio. Com base no possível desempenho e na facilidade de instalação, foi escolhida a bobina de Rogowski. Para além da bobina de Rogowski, foram também testados dois outros TC. O objetivo do ensaio dos TC é poder comparar a bobina de Rogowski com uma solução mais antiga e investigar possíveis soluções de adaptação do ILDD com o REG670 ou do Zelisko GWR3 com o RARIC.

Primeiro, os dispositivos serão descritos e os dados técnicos relevantes serão apresentados. Em seguida, serão mostradas e analisadas diferentes medições para cada um destes dispositivos, tais como medições de linearidade, resposta em frequência, curva de magnetização, formas de onda e resposta ao degrau. Além disso, foi efectuado um teste de sensibilidade aos transformadores de corrente para verificar a sua compatibilidade com o antigo relé ABB, RARIC. É importante que os dispositivos sejam capazes de rejeitar campos externos, uma vez que serão colocados em áreas afectadas por elevados campos parasitas provenientes do gerador. Por isso, esta capacidade também é verificada. No final, os dispositivos são comparados e são tiradas conclusões.

3.1 Descrição e dados técnicos

3.1.1 Bobina de Rogowski

A bobina de Rogowski foi fornecida pela PEM Ltd. Consistia numa bobina de Rogowski propriamente dita, ligada através de um cabo coaxial com blindagem dupla à caixa integradora indicada na figura 3.1. O comprimento deste cabo coaxial de dupla blindagem é de 10 m.

A bobina Rogowski pode ser facilmente montada à volta do eixo utilizando a ligação em T na extremidade da circunferência da bobina. É também fornecida com uma manga de silicone amovível para proteção mecânica adicional. A caixa do integrador tem indicação se a bobina de Rogowski está ligada, o estado da bateria e o interrutor de seleção da sensibilidade. É alimentada por uma bateria de 9V ou por uma fonte de alimentação de 12 V a 24 V DC. A bateria fornecida proporciona normalmente 50 horas de funcionamento em caso de perda da alimentação de corrente contínua. Como mencionado, a caixa do integrador é ligada à bobina de Rogowski através de um cabo coaxial de blindagem dupla e, no lado da saída, existe um conetor BNC disponível. Desta forma, o sinal de saída pode ser transmitido através de um cabo coaxial normal de blindagem simples.

Os dados técnicos adicionais fornecidos pelo fabricante são apresentados no Quadro 3.1. É também importante mencionar que o fabricante afirma que a precisão típica

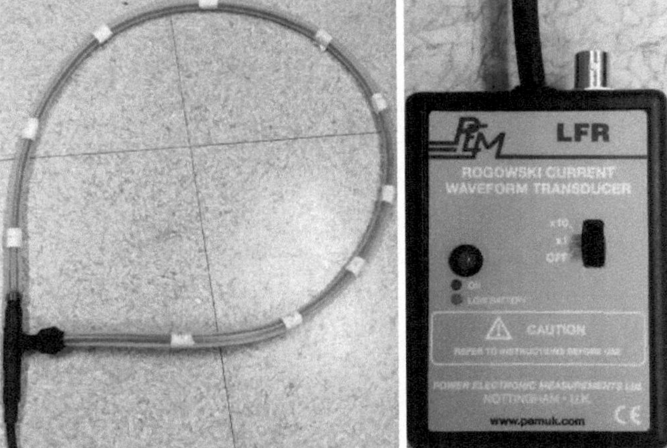

Figura 3.1: Bobina de Rogowski com a caixa integradora correspondente

das medições pode ser de até 3%, dependendo da distância do condutor ao centro da bobina.

As bobinas de Rogowski que estavam disponíveis no laboratório e que foram utilizadas para realizar vários testes eram iguais em todos os termos, exceto no comprimento da circunferência. Os comprimentos disponíveis eram 130 cm, 169 cm e 332 cm. No entanto, o desempenho das diferentes bobinas não variava em nenhum aspeto. Por conseguinte, apenas são apresentadas as medições com o comprimento da bobina de 332 cm.

A sensibilidade da bobina de Rogowski foi ajustada para 200,0 *mV/A* em todos os casos estudados. Esta configuração permite uma maior amplitude do sinal de saída para a mesma amplitude de corrente primária, quando comparada com a sensibilidade de 20,0 *mV/A*. A corrente nominal, por outro lado, é reduzida para 30,0 A. No entanto, assumiu-se que, em condições normais, o nível de corrente não excederá este valor. Com esta definição de sensibilidade, o pico *di/dt* também é reduzido. No entanto, estas alterações da corrente primária

Tabela 3.1: Bobina Rogowski LFR 015/1.5 - Dados técnicos

	x10	x1
Tipo	LR 015/1.5	
Sensibilidade (mV/A)	200.0	20.0
Corrente de pico (A)	30.0	300.0
Ruído típico (mVRMs)	1.0	0.5
Erro de fase a 50 Hz (deg.)	7.0	
Pico di/dt (kA/^s)	0.01	0.1
Largura de banda de baixa frequência - f_L (Hz)	4.0	
Largura de banda de alta frequência - f_H (kHz)	" 40	
Linearidade típica (Hz)	±0,05% (escala completa)	
Precisão típica (Hz)	±0.3%	
Carga mínima de saída (kQ)	100	

não são esperados nesta aplicação.

A referência técnica indica que se pode esperar ruído de baixa frequência, distribuído em torno da largura de banda de baixa frequência. Este ruído é identificado e medido na secção 3.7.

A carga mínima de saída da bobina Rogowski é de 100 kQ e, portanto, não pode ser usada com o antigo relé de sobrecorrente de eixo RARIC. Por esta razão, os testes de sensibilidade serão efectuados apenas para os transformadores de corrente.

3.1.2Zelisko   GWR3

O Zelisko GWR3 era um transformador de corrente produzido pela empresa Zelisko. A intenção inicial da ABB era encontrar um novo fabricante de transformadores de corrente de veio que pudessem ser utilizados com o relé de sobreintensidade de veio RARIC. A Zelisko foi a empresa que desenvolveu este TC mostrado na Figura 3.2. Os dados da sua placa de identificação estão resumidos na Tabela 3.2.

Table 3.2:   Dados da placa de identificação do Zelisko GWR3

Nome	Zelisko GWR3	Enrolamento primário	1 volta
Diâmetro interno	DI = 990 mm	Enrolamento secundário	600 voltas
Diâmetro exterior	DO = 1100 mm	Enrolamento de teste	2 voltas

Como se pode ver no lado esquerdo da Figura 3.2, este transformador de corrente é bastante grande e volumoso. É constituído por duas partes que estão ligadas eletricamente por fios. A ligação magnética é mostrada no lado direito da Figura 3.2. As extremidades das duas partes do núcleo têm a forma de uma letra L e são pressionadas em conjunto com duas placas de metal com quatro parafusos. Desta forma, reduz-se o espaço de ar e aumenta-se a robustez mecânica. Os parafusos de aperto são feitos de plástico para evitar a criação de um curto-circuito adicional à volta do núcleo.

O elevado número de voltas do enrolamento secundário resulta em correntes secundárias baixas. Por conseguinte, no seu enrolamento secundário, é ligada uma resistência 82 Q e esta tensão secundária é medida. A resistência é escolhida para ser a mesma que uma resistência de entrada do RARIC. Ligação da resistência no lado secundário do TC

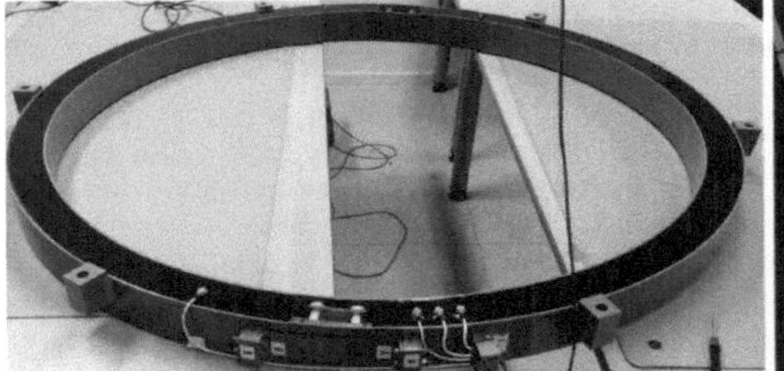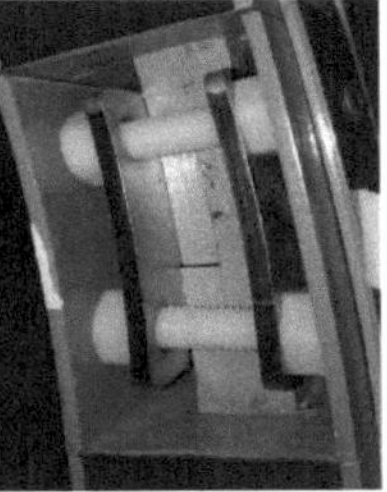

Figura 3.2: Zelisko GWR3 e a sua junta de núcleo

aumenta a tensão secundária. Esta tensão é então mais fácil de medir do que as correntes de baixo nível.

Mais tarde, no Capítulo 4, será investigada a possibilidade de utilizar a corrente secundária como sinal de medição. No entanto, neste capítulo, apenas será apresentada a medição da tensão secundária.

3.1.3   ILDD 096

O ILDD 096, ilustrado na figura 3.3, é a versão de ensaio deste dispositivo, que foi fabricado depois de terem sido detectados problemas de desempenho magnético. O material magnético e a construção deste ILDD são diferentes dos ILDD produzidos na década de 1990. Os dados da placa de identificação deste TC são apresentados no quadro 3.3.

Table 3.3:   Dados da placa de identificação ILDD 096

Nome	ILDD 096	Enrolamento primário	1 volta
Diâmetro interno	990 mm	Enrolamento secundário	500 voltas
Diâmetro exterior	1030 mm	Enrolamento de teste	4 voltas

É também constituído por duas partes ligadas eletricamente por fios. As juntas de núcleo no caso do ILDD 096 não são fabricadas da mesma forma que no caso do Zelisko GWR3. Este facto é óbvio se observarmos a junta apresentada no lado direito da figura 3.3. A distância entre as extremidades da laminação é muito maior, aumentando assim a influência do espaço de ar no desempenho magnético. Além disso, do ponto de vista mecânico, é muito mais difícil montar e ligar duas partes. São utilizadas placas de plástico ligadas por parafusos metálicos para apertar as laminações de diferentes partes do núcleo.

Como no caso do Zelisko GWR3, devido ao facto de o enrolamento secundário ter 500 voltas, as correntes são muito pequenas. Por conseguinte, a resistência 82 Q é ligada ao secundário. Em seguida, a tensão é medida como um sinal secundário.

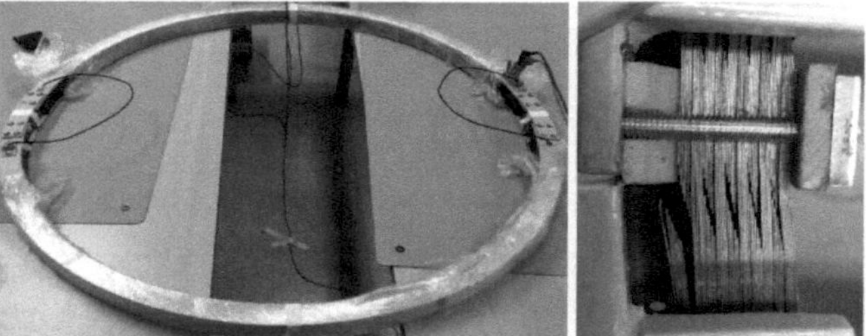

Figura 3.3: ILDD 096 e a sua junta de núcleo

3.2   Curva de magnetização

Ambos os transformadores de corrente, antes de quaisquer outras medições, foram primeiro desmagnetizados para remover qualquer fluxo de remanência no núcleo que pudesse ter sido encontrado de outra forma.

Para o efeito, abriu-se o circuito primário do transformador e aumentou-se lentamente a tensão no seu secundário. Quando a saturação foi atingida, indicada pelo elevado aumento da corrente secundária com um pequeno aumento da tensão secundária, a tensão foi lentamente reduzida a zero. As curvas de magnetização de ambos os dispositivos são mostradas na Figura 3.4.

É de notar que o ILDD 096 foi facilmente magnetizado e, como resultado, as medições da tensão secundária foram superiores ou inferiores às esperadas. Por conseguinte, após cada ensaio, o ILDD 096 foi desmagnetizado.

A figura 3.4 indica que o Zelisko GWR3 tem um ponto de joelho mais elevado do que o ILDD 096 na curva de magnetização. Por outras palavras, o ILDD 096 começa a saturar a uma tensão secundária mais baixa do que o Zelisko GWR3. Também se pode observar que, a um nível de tensão mais baixo, a curva de magnetização do ILDD 096 não é linear, o que indica o seu pior desempenho.

3.3   Teste de Linearidade

O teste de linearidade foi efectuado para os três dispositivos. A corrente primária foi variada de 0 A a 1,5 A e o sinal de saída foi registado. No caso da bobina de Rogowski, registou-se o sinal de saída da caixa do integrador. No caso do Zelisko GWR3 e do ILDD 096, foi registada a tensão através da resistência de 82 Q. O mesmo foi feito para quatro frequências diferentes (50 Hz, 60 Hz, 150 Hz e 180 Hz). Como explicado no Capítulo 2, estas são as frequências que podem ocorrer nas correntes de veio. Os resultados são apresentados nas Figuras 3.5 e 3.6.

No caso da bobina de Rogowski, as medições são lineares e exactas. Correspondem às expectativas baseadas nos dados do fabricante. Conclui-se também que a frequência da corrente primária não tem influência na sensibilidade da bobina de Rogowski

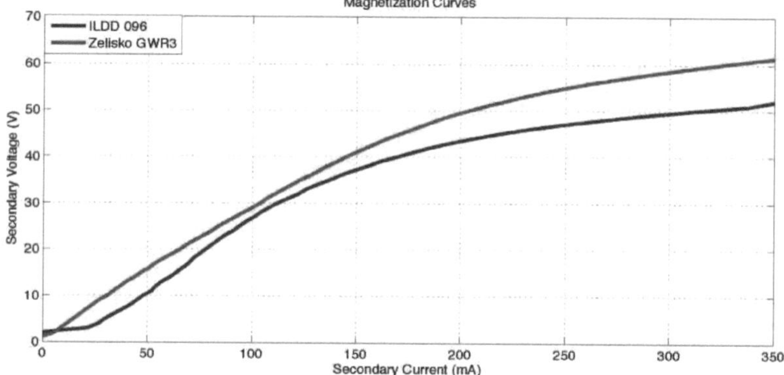

Figura 3.4 Curvas de magnetização de Zelisko GWR3 e ILDD 096

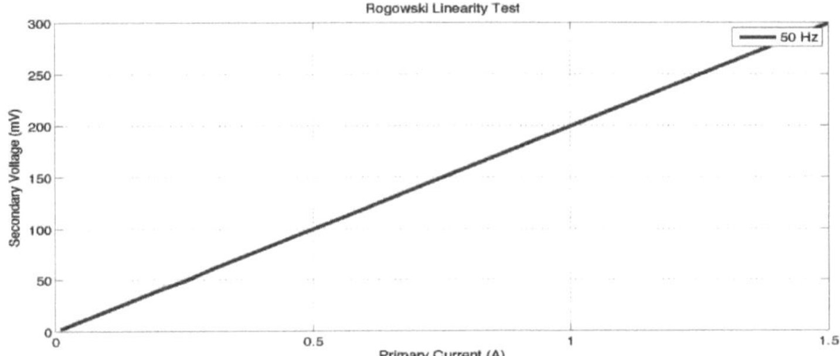

Figura 3.5 Ensaio de linearidade da bobina de Rogowski de 332 cm

que se deve à ausência de núcleo de ferro. Por conseguinte, a curva apresentada na figura 3.5 é aplicável a todas as frequências.

A julgar pelas medições efectuadas com o Zelisko GWR3, também se pode concluir que são lineares. No entanto, neste caso, dependem da frequência. Naturalmente, à medida que a frequência da corrente primária aumenta, as linhas são mais inclinadas, o que indica um melhor desempenho do transformador.

As medições com o ILDD 096, por outro lado, não são lineares em níveis até 1 A. Em torno dos níveis de disparo e alarme, a não linearidade é muito elevada. O transformador apresenta um comportamento semelhante ao do Zelisko GWR3 no que respeita à dependência da frequência.

As alterações nas medições com mudanças na frequência podem ser explicadas pelo aumento da impedância de magnetização. A Figura 3.7 apresenta um modelo muito simplificado de um transformador de corrente. Se se assumir que a corrente primária de qualquer frequência

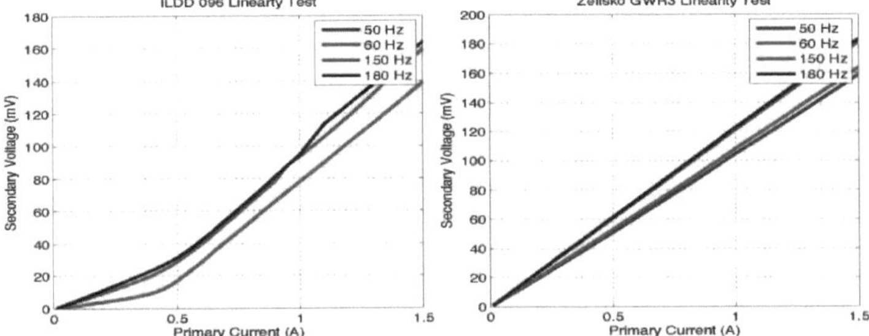

Figura 3. 6 Teste de linearidade do ILDD096 e do Zelisko GWR3

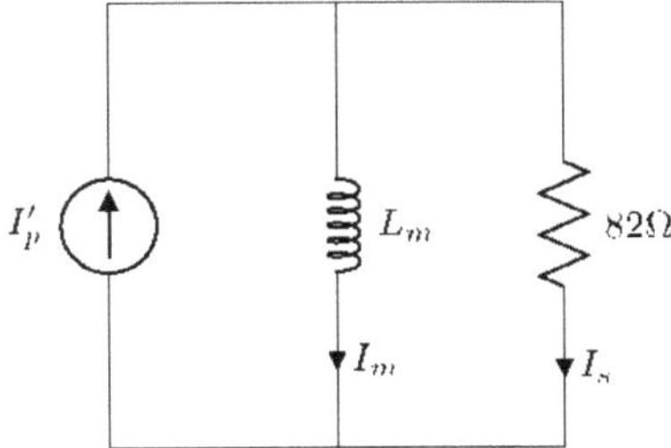

Figura 3.7: Modelo simplificado do transformador de corrente

é a mesma, a lei de Kirchhoff estabelece que esta corrente tem de ser igual à soma da corrente de magnetização e da corrente secundária. Se a frequência da corrente for aumentada, tanto a impedância de magnetização como, consequentemente, as correntes secundárias, aumentam.

Este modelo é muito simplificado e não pode ser utilizado para prever com exatidão o comportamento do TC. No entanto, serve como uma boa explicação do fenómeno observado na Figura 3.6.

3.4 Resposta de frequência

A resposta em frequência foi medida em quatro níveis diferentes de corrente primária (250 mA, 0,5 A, 1 A e 1,5 A). Os níveis 0,5 A e 1 A correspondem aos níveis de alarme e disparo tipicamente utilizados no RARIC. Os outros dois valores são escolhidos para observar o comportamento num valor inferior ao nível de alarme e superior ao nível de disparo. A frequência dessas correntes foi aumentada de 10 Hz para 1 kHz e a tensão de saída foi medida. A gama de frequências foi limitada pelas capacidades do dispositivo utilizado para injetar as correntes. Por conseguinte, não será visível toda a largura de banda dos dispositivos. No entanto, as medições efectuadas a essas frequências mais baixas serão suficientes para esta aplicação. Os resultados são apresentados nas Figuras 3.8, 3.9 e 3.10.

A figura 3.8 indica que não há dependência da frequência da bobina de Rogowski no que respeita à resposta em amplitude (resposta plana). Pode ver-se que as tensões de saída estão a níveis correspondentes à sensibilidade indicada pelo fabricante. No entanto, o mesmo não acontece com a resposta em fase. Em frequências superiores a 200 Hz, a diferença de fase entre a forma de onda da corrente primária e a forma de onda da tensão de saída é quase insignificante. Por outro lado, a frequências mais baixas, que são relevantes para esta aplicação, não o é. A Tabela 3.4 resume os resultados da diferença de fase nas frequências relevantes. Os desvios de fase a 50 Hz estão em conformidade com o fabricante

Tabela 3.4: Diferença de fase introduzida pela bobina de Rogowski

Corrente primária (mA)	250	500	1000	1500
$\Delta\phi_a$ 50Hz	7°	7°	7°	5°
$\Delta\phi_a$ 60Hz	6°	6°	6°	4°
$\Delta\phi_a$ 150Hz	2°	2°	2°	2°
$\Delta\phi_a$ 180Hz	2°	2°	2°	2°

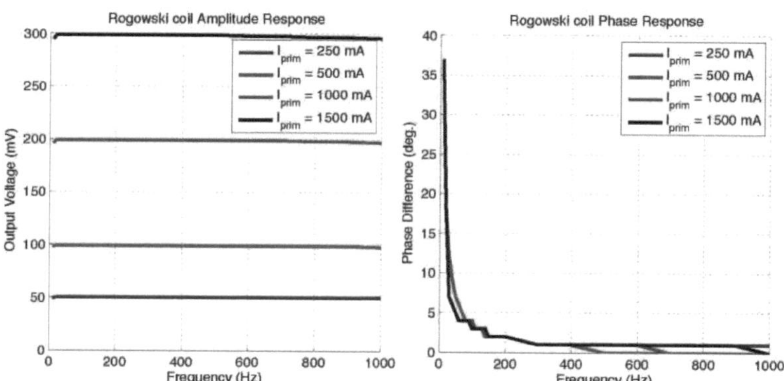

Figura 3.8 Resposta em frequência da bobina de Rogowski de 332 cm

para todos os níveis de corrente, exceto 1,5 A. Também se mostra que a diferença de fase é reduzida com o aumento do nível de corrente primária e da frequência. Este facto é ainda mais evidente na Figura 3.8.

No caso do Zelisko GWR3, há uma mudança na amplitude da tensão de saída com uma mudança na frequência para os mesmos níveis de corrente primária. A tensão secundária é estável a partir de aproximadamente 200 Hz. No entanto, as frequências mais elevadas não serão medidas e, por conseguinte, podemos esperar um comportamento não linear a frequências mais baixas. Isto reflecte-se na Figura 3.6, onde a dependência da frequência já foi notada. Quando se trata da diferença de fase entre a corrente primária e a tensão secundária, esta diminui com a frequência até se estabilizar em cerca de 10°. Por exemplo, a 50 Hz e 1 A, a tensão secundária é deslocada para 28°.

Foram obtidos resultados ainda piores com o ILDD 096. A tensão secundária é estabilizada a frequências ainda mais elevadas e, a níveis inferiores, é muito não linear.

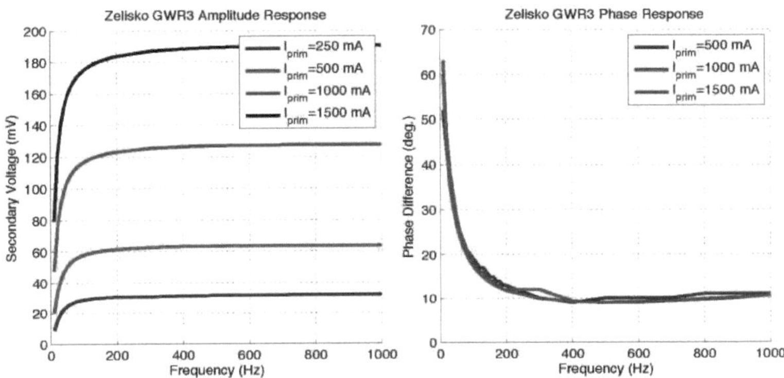

Figura 3.9 Resposta em frequência do Zelisko GWR3

No que diz respeito à resposta de fase, podemos ver que depende da frequência, bem como dos níveis de corrente primária. À medida que o nível de corrente primária aumenta, o desvio de fase diminui. Da mesma forma, à medida que a frequência é aumentada, a mudança de fase diminui. Em frequências mais elevadas, o desvio de fase estabiliza-se em torno dos 25°. Com um nível de corrente primária igual a 250 mA e 500 mA a frequências inferiores a 200 Hz, não foi possível medir o desvio de fase porque o sinal secundário era demasiado pequeno. Só para poder comparar com outros dispositivos, o desvio de fase a 50 Hz e 1 A para o ILDD 096 foi igual a 42°.

3.   5 Testes de sensibilidade

O teste de sensibilidade foi efectuado apenas para o ILDD 096 e o Zelisko GWR3. Este teste foi utilizado anteriormente para verificar se o transformador de corrente fabricado era compatível com o relé de sobrecorrente de veio, RARIC. Na verdade, o que foi verificado é se o transformador de corrente pode produzir uma tensão suficientemente elevada para que o relé funcione nos níveis de disparo da corrente primária definidos de 0,5 A e 1 A. Se esta corrente for superior aos limites definidos na Figura 3.11, isso significa que o TC não pode produzir uma tensão na entrada do RARIC suficientemente elevada para fechar os contactos de saída no nível de disparo da corrente primária definido.

O teste de sensibilidade foi efectuado aumentando a corrente no enrolamento de ensaio até a tensão secundária através da resistência 82 Q (resistência de entrada do RARIC) atingir 40 mV ou 80 mV, correspondendo a níveis de corrente primária de 0,5 A e 1 A. Os resultados estão resumidos, para ambos os transformadores, na Tabela 3.5.

A figura 3.11 mostra duas curvas de sensibilidade para o relé RARIC em função do diâmetro do transformador de corrente para dois níveis de corrente primária. O eixo vertical marca o nível de corrente no enrolamento de teste com quatro voltas. Portanto, a corrente medida no Zelisko GWR3 foi reduzida para poder ser comparada com as curvas de sensibilidade. Os pontos coloridos apresentados nesta figura correspondem aos resultados do ensaio do Zelisko GWR3.

Os níveis de corrente do enrolamento de teste lidos a partir das curvas de sensibilidade em determinados diâmetros para Zelisko GWR3 e ILDD 096 são os seguintes. Para 40 mV na resistência, a corrente

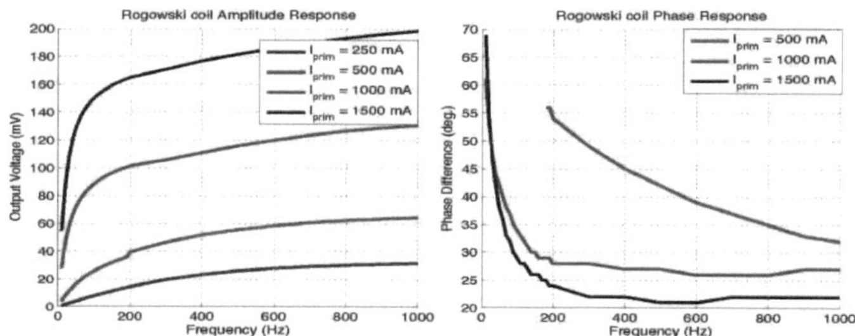

Figura 3.10 Resposta em frequência do ILDD 096

Quadro 3.5: Resultados do teste de sensibilidade

Frequência (Hz)	Tensão (mV)	Corrente (mA)	Dispositivo
• 50	40,03	105,8	Zelisko GWR3
•50	80,01	203,2	Zelisko GWR3
• 150	40,04	88,0	Zelisko GWR3
• 150	80,01	173,0	Zelisko GWR3
50	39,97	161,8	ILDD 096
50	80,01	240,0	ILDD 096
150	40,04	132,5	ILDD 096
150	80,05	202,5	ILDD 096

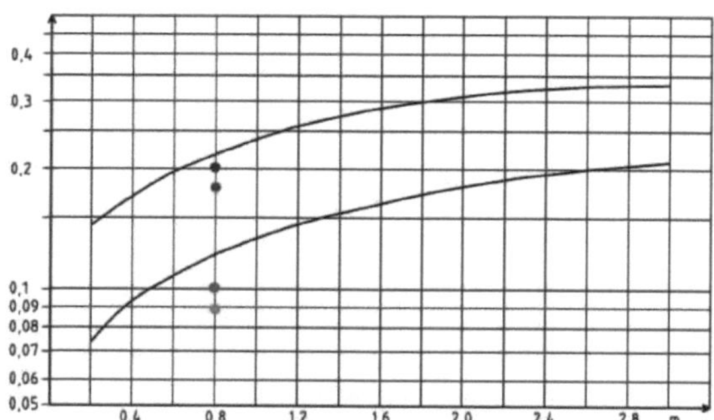

Figura 3.11 Curva de sensibilidade RARIC com os resultados apresentados para o Zelisko GWR3: o limite é de 130 mA e para 80 mV na resistência é de 250 mA. Podemos ver que todas as correntes da Tabela 3.5 para o Zelisko GWR3 estão muito abaixo dos limites de corrente. A corrente do ILDD 096 a 50 Hz e 40 mV na resistência está acima do limite do nível de corrente. As outras correntes do ILDD 096 satisfazem os requisitos, mas estão muito próximas do limite.

Com base nos resultados dos testes, conclui-se que o Zelisko GWR3 passa no teste de sensibilidade. No entanto, o ILDD 096 não passa. Como já foi referido, a bobina de Rogowski requer uma carga de saída mínima de 100 kΩ e, por conseguinte, este ensaio não foi efectuado com ela.

3.   6Resultados dos ensaios de rejeição externa

Os dispositivos de medição destinam-se a ser colocados na proximidade imediata do gerador. Por conseguinte, podem estar sujeitos a uma elevada influência do fluxo parasita. Uma vez que, em alguns casos, a componente da corrente de veio a medir é influenciada pelo fluxo parasita, a precisão das medições pode ser reduzida. Por conseguinte, a bobina de Rogowski e os TC foram submetidos a ensaios para investigar a sua capacidade de rejeitar a influência de campos externos.

Estes testes foram efectuados colocando um condutor vertical fora dos TC e da bobina de Rogowski. O condutor foi movido em torno da circunferência dos dispositivos de medição e o sinal secundário foi medido.

A figura 3.12 ilustra o modo como este ensaio foi efectuado para a bobina de Rogowski. Os números de 1 a 15 indicam a posição na circunferência onde foi colocado o condutor externo. O condutor externo está assinalado com uma elipse vermelha. O condutor não foi colocado na área em redor da ligação em T. De acordo com os dados do fabricante, esta área é altamente sensível.

A Figura 3.13 mostra como o mesmo ensaio foi efectuado para os TC. Há menos pontos de medição em que foi colocado um condutor externo. Isto deve-se ao facto de não serem necessários mais pontos para captar o comportamento dos TCs em relação à posição das correntes externas, como se verá mais adiante.

As medições efectuadas sob a influência de campos externos para a bobina de Rogowski são apresentadas na figura 3.14. A parte esquerda mostra as medições com uma corrente externa de 50 A a diferentes distâncias da circunferência da bobina de Rogowski. A parte direita mostra as medições a 5 cm da circunferência da bobina de Rogowski com diferentes correntes.

O que se pode notar é que, à medida que o condutor externo se afasta da ligação T a partir do nó 1, a influência diminui. Quando a com-

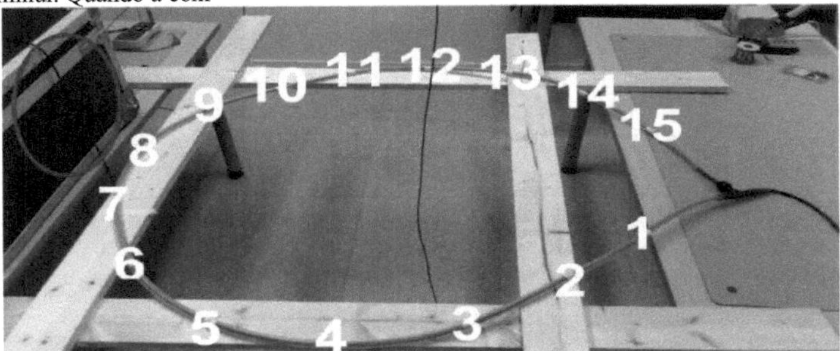

Figura 3.12: Ensaio de rejeição externa da bobina de Rogowski

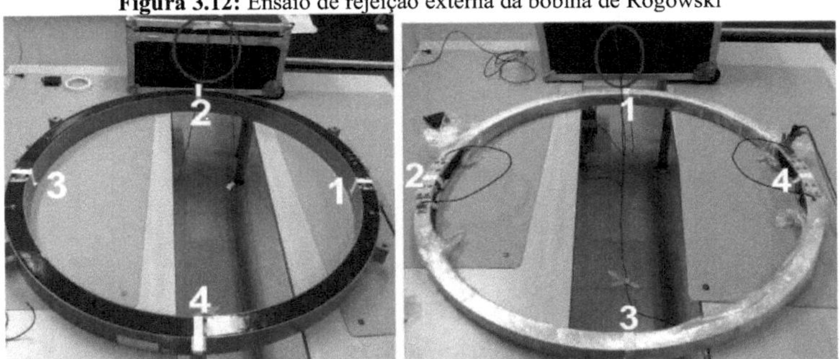

Figura 3.13: Ensaio de rejeição externa de TCs

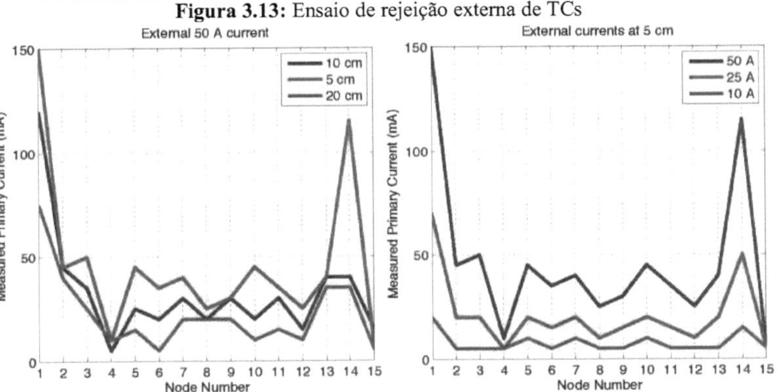

Figura 3.14 Ensaio de rejeição externa da bobina de Rogowski

Ao regressar à ligação T pelo outro lado, a influência externa aumenta até ao nó 15 (o mais próximo da ligação T). No nó 15, as medições são fortemente reduzidas. No entanto, o condutor foi então deslocado para mais perto da ligação em T (não indicado nas medições) e a influência voltou a aumentar. A anomalia no nó 15 (redução da influência) não pode ser explicada sem se conhecerem os pormenores da construção da bobina de Rogowski, no entanto, é muito provável que se deva à posição geométrica do campo externo e das voltas finais na ligação em T. Note-se que a distância entre cada nó e entre a ligação em T é de aproximadamente 20 cm.

Foram feitas várias tentativas para proteger a ligação em T da bobina de Rogowski contra campos externos. Foram experimentadas duas soluções de gaiola de Faraday. Uma delas era uma gaiola rígida feita de aço e a outra era uma fita de alumínio. Não se registaram melhorias significativas.

Foi também colocado um condutor externo no plano da bobina de Rogowski à volta da sua circunferência. Mais uma vez, à medida que este condutor se aproxima da ligação em T, a sua influência na medição aumenta. Verificou-se uma pequena melhoria da rejeição externa com a gaiola de Faraday feita de aço. A gaiola de Faraday com folha de alumínio não registou qualquer melhoria. Isto deve-se ao facto de o alumínio ter uma permeabilidade magnética inferior à do aço. A permeabilidade magnética é o parâmetro que influencia a capacidade de proteção da gaiola de Faraday contra campos magnéticos de baixa frequência, como os aqui estudados. No entanto, a melhoria da gaiola de Faraday feita de aço é muito pequena. Para manter a flexibilidade mecânica da solução, decidiu-se não continuar a utilizar a gaiola de Faraday para proteger a ligação em T.

Outra observação foi feita durante a realização das medições. A bobina de Rogowski rejeitava muito melhor os campos externos provenientes de um condutor que se encontrava no seu plano do que os provenientes de um condutor perpendicular ao seu plano. De facto, se este condutor não estivesse próximo da ligação T, não se notava qualquer alteração nas medições e, por isso, estas não são aqui apresentadas.

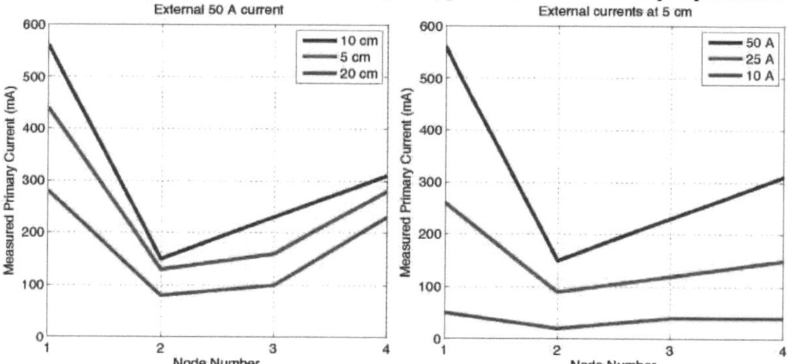

Figura 3.15 Ensaio de rejeição externa do Zelisko GWR3

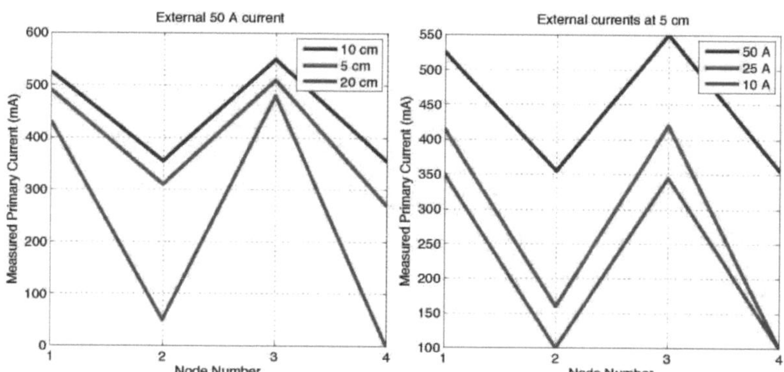

Figura 3.16 Ensaio de rejeição externa do ILDD 096

3.7 Resposta por etapas

A resposta ao degrau foi registada para os três dispositivos, a fim de verificar o tempo que demoram a reagir à alteração da corrente primária e a atingir um estado estacionário. A figura 3.17 mostra estes registos.

Em t = 0 s, a corrente primária é aumentada de 0 A para 1 A. Foram observadas a tensão de saída da bobina de Rogowski e a tensão secundária dos TCs através da resistência de 82 Q. As linhas tracejadas mostram o valor em estado estacionário das três tensões. Pode ver-se que a bobina de Rogowski e o Zelisko GWR3 atingem rapidamente esses valores, com uma pequena ultrapassagem no início. No entanto, este não é o caso do ILDD 096. No início, a tensão secundária atinge rapidamente um valor ligeiramente abaixo do valor de estado estacionário. No entanto, depois disso, leva muito tempo para que esta tensão atinja o valor final de estado estacionário (em comparação com outros dispositivos).

Outra coisa que pode ser observada na Figura 3.17 é a variação da tensão

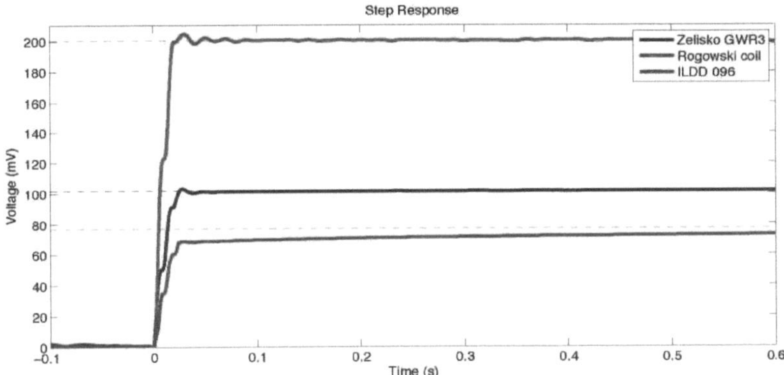

Figura 3.17 Resposta ao degrau de três dispositivos

em torno do valor de estado estacionário no caso da bobina de Rogowski. Esta variação não deve ser confundida com a consequência de um amortecimento deficiente no sistema. Na realidade, trata-se de ruído do amplificador operacional. O fabricante afirma que este ruído se distribui em torno da largura de banda de baixa frequência, fL = 4 Hz e que a magnitude pico a pico deste ruído é igual a 6,1 mV. Tentou-se isolar e analisar este ruído. Os resultados apresentados na figura 3.18 correspondem às expectativas, com um pequeno desvio na amplitude do ruído e na largura de banda de baixa frequência. O ruído pico a pico foi igual a 5 mV e a frequência da harmónica com amplitude máxima é de 5,64 Hz. Posteriormente, foi efectuada uma análise de frequência para a tensão de saída após atingir o estado estacionário da Figura 3.17. O mesmo ruído de baixa frequência foi identificado, confirmando assim as variações da tensão de saída em estado estacionário.

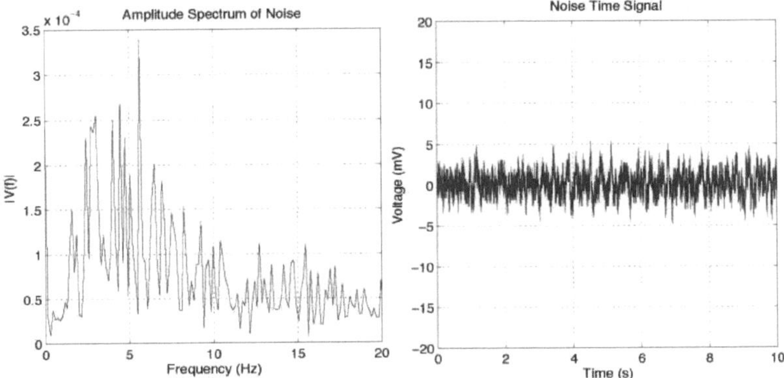

Figura 3. 18 Análise do ruído do amplificador operacional Rogowski

3.8 Consistência da forma de onda

É importante para os sistemas de proteção completos apresentados mais adiante no capítulo 4 que os dispositivos de medição reproduzam com precisão as formas de onda da corrente primária. Por conseguinte, essas formas de onda e as formas de onda do secundário dos transformadores e da bobina de Rogowski foram registadas e comparadas visualmente. Os registos para cada um dos dispositivos podem ser vistos nas Figuras 3.19 e 3.20.

Por inspeção visual, verifica-se que a forma de onda da corrente primária é reproduzida com precisão nas formas de onda da bobina de Rogowski e do Zelisko GWR3. Por outro lado, a forma de onda secundária do ILDD 096 está distorcida. Todas as formas de onda estão deslocadas de fase, como previsto e medido na secção 3.4.

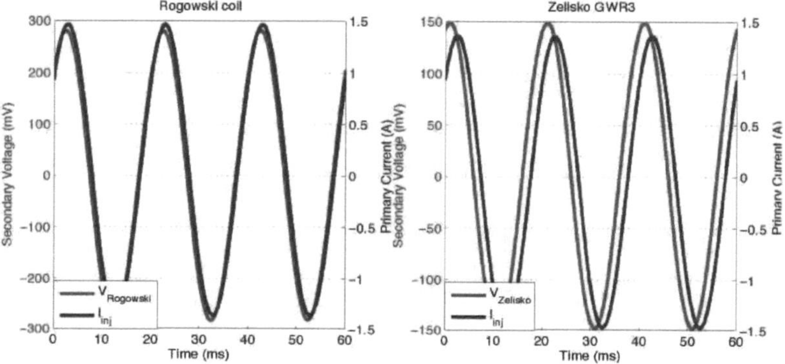

Figura 3.19: Formas de onda da bobina de Rogowski e da bobina de Zelisko GWR3

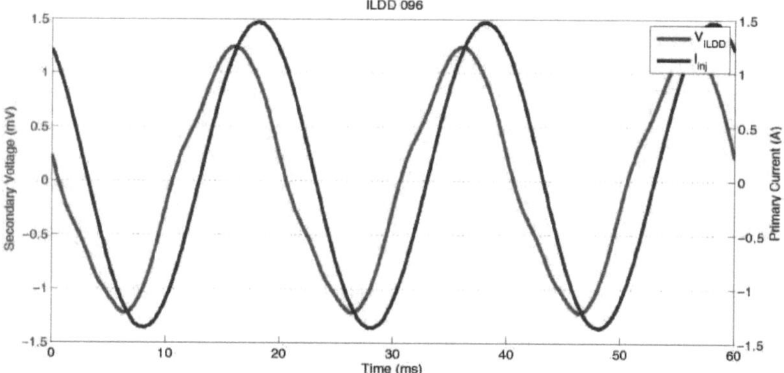

Figura 3.20: Formas de onda de tensão do ILDD 096

3.9 Resumo e comparação

Neste capítulo, foram testados três dispositivos. São eles a bobina de Rogowski, o Zelisko GWR3 e o ILDD 096. Esperava-se o melhor desempenho da bobina de Rogowski e o pior da Zelisko GWR3 e da ILDD 096. As expectativas baseavam-se no facto de a bobina de Rogowski não ter núcleo magnético, pelo que alguns problemas associados à mesma podem ser evitados, ao contrário do que acontece com a Zelisko GWR3 e a ILDD 096. Além disso, esperava-se que os piores resultados fossem obtidos com o ILDD 096 devido às fracas propriedades magnéticas deste transformador nas juntas do núcleo e à experiência anterior com o material magnético utilizado na produção deste transformador. No final, os resultados confirmaram as expectativas.

Para começar, o pior desempenho do ILDD 096 em relação ao Zelisko GWR3 pode ser visto já na curva de magnetização. Foi demonstrado que o ILDD 096 pode ser mais facilmente saturado do que o Zelisko

GWR3, o que foi observado noutros ensaios. Teve de ser desmagnetizado após cada ensaio, o que não aconteceu com o Zelisko GWR3. Evidentemente, não se registou qualquer problema de magnetização com a bobina Rogowski.

Na Figura 3.21, pode ver-se a comparação dos resultados dos ensaios de linearidade de diferentes dispositivos a 50 Hz. A vantagem da utilização da bobina de Rogowski é óbvia. Não há problemas de linearidade na gama inferior de níveis de corrente primária e obtém-se uma tensão secundária mais elevada para o mesmo nível de corrente primária. O ILDD 096 apresenta os piores resultados. O declive da sua curva é quase o mesmo que no caso do Zelisko GWR, mas é claramente menos linear.

A mesma ordem de qualidade aplica-se ao caso dos ensaios das formas de onda da tensão secundária. Enquanto as formas de onda da tensão secundária da bobina de Rogowski e de Zelisko são quase sinusoidais, há uma distorção no caso do ILDD 096. Além disso, pode observar-se a maior deslocação de fase nas formas de onda do ILDD 096.

A figura 3.22 mostra a comparação das respostas em frequência dos três dispositivos no caso de uma corrente primária de 1 A. Aqui, a vantagem da bobina de Rogowski sobre os outros três dispositivos é ainda mais óbvia. Enquanto a resposta em amplitude da bobina de Rogowski é quase plana, o mesmo não acontece com os outros dois dispositivos. Na frequência mais baixa

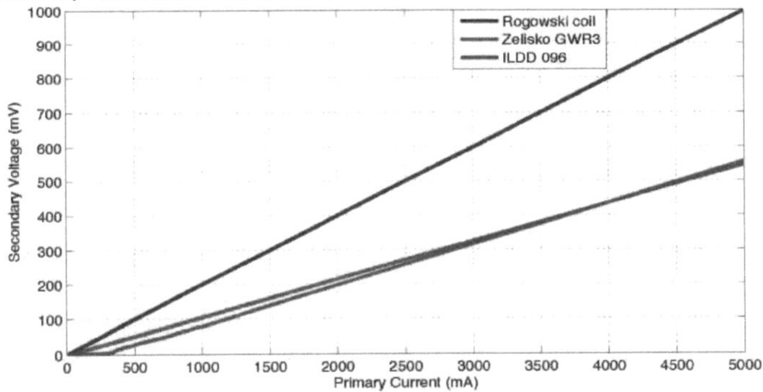

Figura 3. 21 Comparação dos resultados dos ensaios de linearidade de diferentes dispositivos

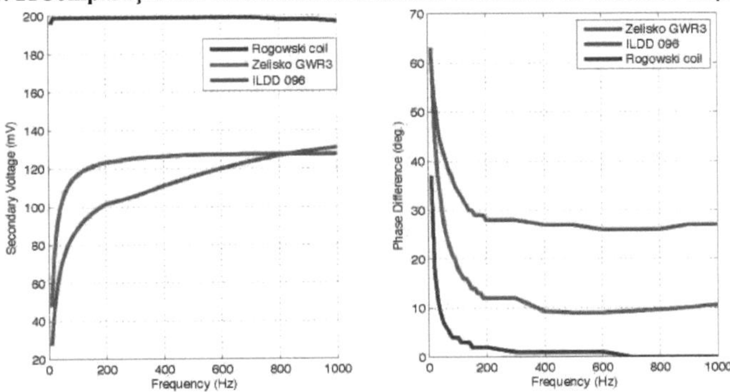

Figura 3.22 Comparação das respostas em frequência de diferentes dispositivos: os níveis são muito não lineares. Enquanto a resposta em amplitude do Zelisko GWR3 estabiliza após uma determinada frequência, o mesmo não se verifica na gama de frequências aqui aplicada no caso do ILDD 096. Do mesmo modo, a resposta de fase é a melhor no caso da bobina de Rogowski e a pior no caso da ILDD 096. Apesar das não linearidades observadas na resposta em frequência, estas não causarão erros significativos no sistema de proteção completo. Como se verá mais tarde, o relé filtrará a frequência desejada e, por conseguinte, a não linearidade da resposta em frequência não fará uma diferença significativa no desempenho do TC e da bobina de Rogowski.

Note-se que o condutor primário foi deslocado em torno da zona de circulação da bobina de Rogowski e de dois outros transformadores de corrente. Não foram detectados desvios significativos em relação às medições previstas.

Para concluir, a vantagem da bobina de Rogowski é óbvia em comparação com outros dois transformadores de corrente. Tanto em termos de propriedades mecânicas como eléctricas. Espera-se que tenha um bom desempenho como parte dos sistemas discutidos no capítulo 4. O mesmo se pode esperar do Zelisko GWR3, embora a um nível inferior. Por outro lado, o ILDD 096, muito provavelmente, não apresentará um nível de desempenho satisfatório. A maior preocupação seria a magnetização e a não linearidade do ILDD 096 nos níveis de corrente e frequências que se pretende medir.

CAPÍTULO 4

Sistemas de proteção da corrente do veio

O desempenho dos dispositivos de medição e do relé de proteção foi avaliado nos Capítulos 3 e no Apêndice A. O projeto prosseguiu com a avaliação de sistemas completos de proteção contra a corrente no veio, constituídos por dispositivos de medição, relé e/ou amplificador de isolamento. Aqui, são descritos diferentes sistemas com diferentes configurações. Além disso, os resultados das medições são apresentados e analisados.

4.1   Amplificador de isolamento

Uma vez que as grandezas secundárias dos dispositivos de medição descritos no capítulo 3 eram inferiores à gama nominal da TRM, foi utilizado um amplificador de isolamento para as amplificar. Por conseguinte, será apresentado em primeiro lugar, juntamente com as medições correspondentes.

Era necessário verificar se o amplificador teria um desempenho suficientemente bom como parte dos sistemas discutidos mais adiante neste capítulo. A decisão foi baseada em medições de linearidade e na sua resposta em frequência.

Em primeiro lugar, alguns dos dados técnicos do amplificador são apresentados na Tabela 4.1. Observando estes dados, pode concluir-se que este amplificador é adequado para ser utilizado nesta aplicação. As cargas de entrada e saída estão abaixo ou acima dos valores exigidos pelos dispositivos de medição ou relé (dependendo do tipo de entrada/saída). O erro no ganho do amplificador também é suficientemente baixo para esta aplicação.

Existe uma vasta gama de definições possíveis para as gamas de entrada e saída, que podem ser selecionadas utilizando interruptores DIP. A Tabela 4.2 apresenta quatro configurações diferentes que foram selecionadas. Duas das gamas de entrada eram entradas de tensão com gamas diferentes (tensão máxima de entrada diferente) e duas delas eram gamas de entrada de corrente. Uma vez que a corrente de saída de ambos os transformadores de corrente é um valor pequeno, estas gamas de corrente foram as mais pequenas que foi possível selecionar. Gama de saída

Tabela 4.1: KNICK VariTrans P27000 - Dados técnicos

Nome	KNICK VariTrans P27000	
Fonte de alimentação	20-253 V AC/DC	
Carga de entrada	" 1 MQ (Tensão)	" 100Q (Atual)
Carga de saída	" 1 kQ (Tensão)	" 600Q (Atual)
Erro de ganho	0.08 %	

Tabela 4.2: Definições do intervalo de entrada/saída do amplificador

	Definição 1	Definição 2	Definição 3	Definição 4
Gama de entrada	0...250 mV	0...1 V	0...5 mA	0...5 mA
Gama de saída	0...10V	0...10 V	0...10 V	0...20 mA
Ganho	40	10	2 V/mA	4

em todos os casos é a maior gama de tensões possível (de modo a obter a máxima amplificação possível), exceto no último caso. Neste caso, é selecionada a maior gama de corrente possível.

A razão para escolher duas gamas de entrada de tensão para testes adicionais está na forma como são definidas. Ao utilizar a Definição 1, é necessário, para além de selecionar a posição dos interruptores DIP, ajustar o potenciómetro "Span" e reduzir a tensão máxima de entrada de 1 V para 250 mV. Por outro lado, no caso da Definição 2, não foi necessário utilizar o potenciómetro para ajustar a gama de entrada. O potenciómetro mencionado é muito sensível e é necessário algum tempo para definir com precisão a tensão de entrada. Por conseguinte, ao utilizar as Definições 1 e 2 em outras medições, foi testada a estabilidade do ganho do amplificador.

4.1.1　Medições de linearidade

Como já foi referido, foram efectuadas medições de linearidade. A tensão e as correntes de entrada foram alteradas de 0 mV para 250 mV e de 0 mA para 5 mA. Em ambos os casos, foi medida a tensão de saída. Isto cobre a gama de correntes sem veio até níveis de corrente que estão acima do valor de disparo. O mesmo foi feito para quatro frequências diferentes que podem ser encontradas num sinal de corrente de veio (50Hz, 60Hz, 150Hz e 180Hz). Não foi detectada qualquer alteração nas curvas de linearidade com a alteração da frequência e, por conseguinte, apenas são apresentadas na Figura 4.1 as medições a 50 Hz. A medição da linearidade para a Definição 4 não foi efectuada porque o dispositivo utilizado para medir as correntes não era suficientemente preciso na gama de saída do amplificador. No entanto, esta configuração será utilizada em conjunto com transformadores de corrente em

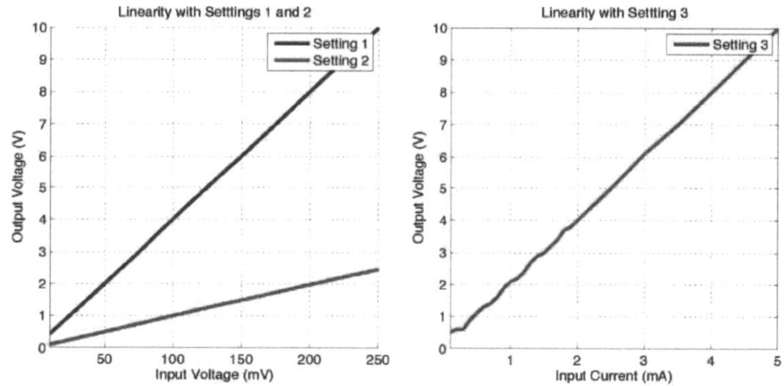

Figura 4. 1 Teste de linearidade do amplificador secções seguintes.

Verifica-se que as medições são lineares. O ganho do amplificador corresponde às definições especificadas. Existem alguns pequenos desvios nas tensões de entrada mais baixas (não visíveis na Figura 4.1) para as definições 1 e 2. No entanto, essas tensões não serão medidas na configuração final. Além disso, não são significativos, em comparação com o valor absoluto medido.

Podem ser observadas maiores imprecisões nas medições com a regulação do amplificador 3 na gama inferior. No entanto, tal deve-se a imperfeições das correntes injectadas a valores baixos e não ao desempenho do amplificador. Concluiu-se isto com base em observações de formas de onda de corrente de baixa amplitude.

4.1.　2Resposta de frequência

As próximas medições efectuadas são as respostas de amplitude e de fase. Desta vez, a frequência do sinal de entrada foi variada de 10 Hz para 1 kHz e o valor RMS da tensão de saída foi registado. Ao mesmo tempo, enquanto se alterava a frequência, mediu-se a diferença de fase entre os sinais de entrada e de saída. Isto foi feito para diferentes níveis de tensão de entrada (configurações 1 e 2) e diferentes níveis de corrente (configuração 3). Não foram efectuadas medições com a definição 4 devido à baixa precisão do dispositivo de medição na gama de corrente baixa. Pela mesma razão, a diferença de fase entre a corrente de entrada baixa e a tensão de saída não é medida no caso da definição 3.

Não foi detectada qualquer diferença no desempenho do amplificador com diferentes valores RMS de entrada. Por conseguinte, os resultados da Figura 4.2 são apresentados apenas para a tensão de entrada igual a 200 mV e a corrente de entrada igual a 1 mA.

Os resultados confirmam a suposição de que este amplificador é adequado para esta aplicação. O ganho do amplificador foi estável para as definições 1 e 2 em toda a gama de frequências. O ganho com o ajuste 3 começou a deteriorar-se apenas em frequências superiores a 500 Hz. A diferença de fase entre o sinal de entrada e o sinal de saída é pequena até 100 Hz. Após 100 Hz, a diferença de fase começa a aumentar. No entanto, tanto os erros de ganho como as diferenças de fase não são significativos para as frequências que serão medidas no sinal de corrente do veio.

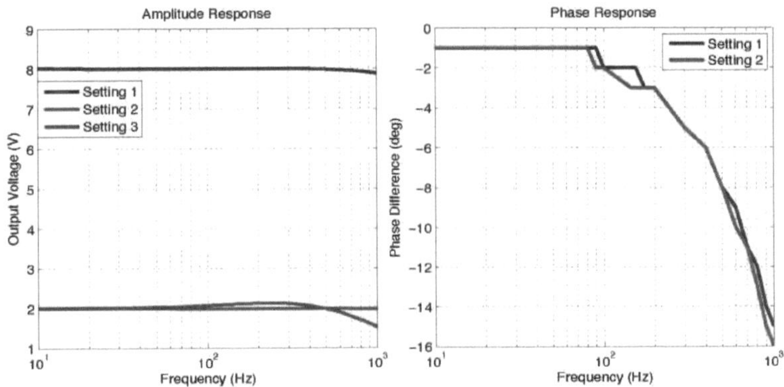

Figura 4. 2 Resposta de frequência do amplificador

4.2 Descrição dos sistemas de proteção

Nesta secção, será discutida a disposição do hardware dos diferentes sistemas. As disposições reais do laboratório podem ser vistas nas Figuras B.1 e B.2.

4.2.1 Sistema A

O diagrama de ligação do sistema A é apresentado na figura 4.3. Baseia-se numa bobina de Rogowski.

A saída de corrente analógica do CMC 256-6 é utilizada para injetar corrente primária que simula a corrente real do veio. A bobina de Rogowski é montada à volta do condutor através do qual a corrente primária está a fluir. Um cabo coaxial com blindagem dupla liga a bobina de Rogowski à caixa do integrador. A caixa integradora efectua a integração e a amplificação do sinal da bobina de Rogowski. O sinal é amplificado 20 vezes e pode ser medido no conetor BNC de saída. Utilizando este conetor, o sinal é transmitido ao amplificador referido na secção anterior através de um segundo cabo coaxial blindado simples e de um adaptador de terminal BNC para parafuso. A saída do amplificador é, dependendo das definições, ligada ao canal de tensão ou de corrente do módulo TRM, como se mostra. O conversor CC/CC é utilizado para transformar a tensão CC da fonte de alimentação de 48 V em 12 V e 24 V e para a alimentar a caixa do integrador e o amplificador.

4.2.2 Sistema B

O segundo sistema é baseado nos transformadores de corrente ILDD 096 e Zelisko GWR3. O esquema de ligação em ambos os casos é o mesmo e, por conseguinte, apenas um deles é apresentado na figura 4.4.

Também é maioritariamente igual ao da Figura 4.3. A diferença está na forma como o sinal secundário é ligado ao amplificador. Neste caso, os terminais secundários S1 e S2 são ligados diretamente ao amplificador. Além disso, não é necessário fornecer tensão CC ao transformador de corrente, como é o caso com

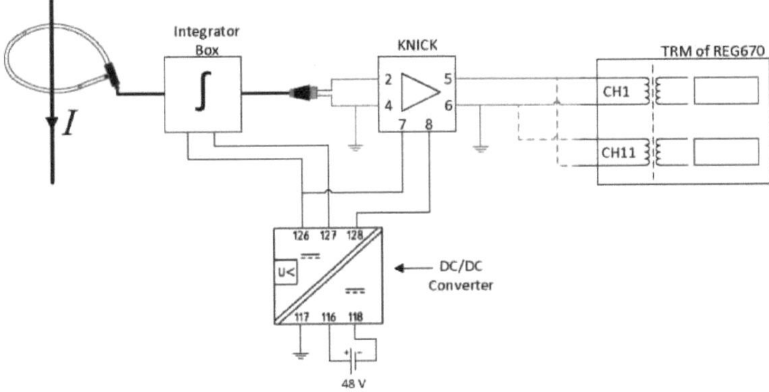

Figura 4. 3 Esquema de ligação do sistema de proteção do veio baseado em Rogowski

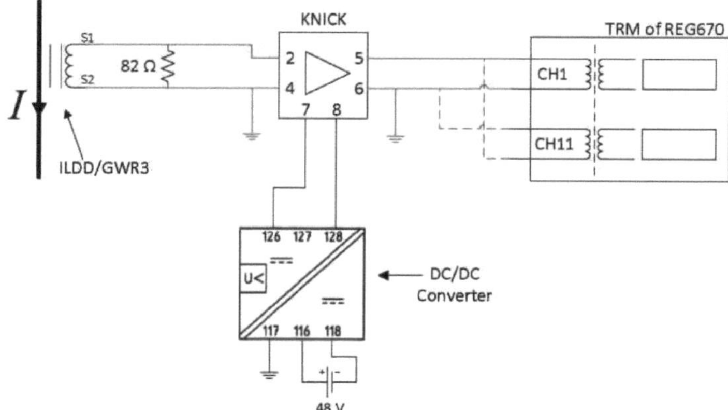

Figura 4.4: Esquema de ligação do sistema de proteção de veios baseado em TC

Bobina de Rogowski. Dependendo da configuração do amplificador, a tensão de saída é ligada ao canal 11 e a corrente de saída é ligada ao canal 1 do TRM.

4.3 Medições de linearidade

Foram efectuadas medições de linearidade para ambos os sistemas, A e B. A corrente primária foi injectada de 0 A até ao valor máximo possível nas entradas dos amplificadores. As tensões e correntes filtradas foram registadas no visor gráfico do equipamento.

Note-se que as medições foram efectuadas para quatro frequências diferentes, tal como foi feito no Capítulo 3. No entanto, neste caso, apenas serão apresentadas medições de 50 Hz. Isto deve-se ao facto de a diferença entre as medições não ser grande e de o comportamento do sistema em relação à frequência ser determinado apenas pelo dispositivo de medição. Isto foi mostrado e discutido no Capítulo 3 e não é necessário repeti-lo.

A Figura 4.5 mostra as medições efectuadas para o Sistema A. Foram feitas para as definições de amplificador 1, 2 e sem amplificador. Pode ver-se que são lineares e exactas. No caso de a tensão da bobina de Rogowski ser ligada diretamente ao TRM, podem ser observadas pequenas medições tipo degrau na gama baixa de correntes primárias. Isto deve-se ao facto de a mudança na corrente primária resultar numa mudança tão pequena na tensão de saída que não pode ser medida com precisão. No entanto, em níveis de corrente superiores a, aproximadamente, 250 mA, as medições são mais exactas.

As medições do Sistema B com o Zelisko GWR3 são apresentadas na Figura 4.6. Foram efectuadas para as quatro configurações do amplificador e sem amplificador. Tal como no caso do sistema A, pode dizer-se que são lineares. Além disso, no caso em que a tensão foi medida sem um amplificador, a resolução foi reduzida. Isto significa que, para um determinado aumento das correntes primárias, a alteração da tensão secundária é mais baixa.

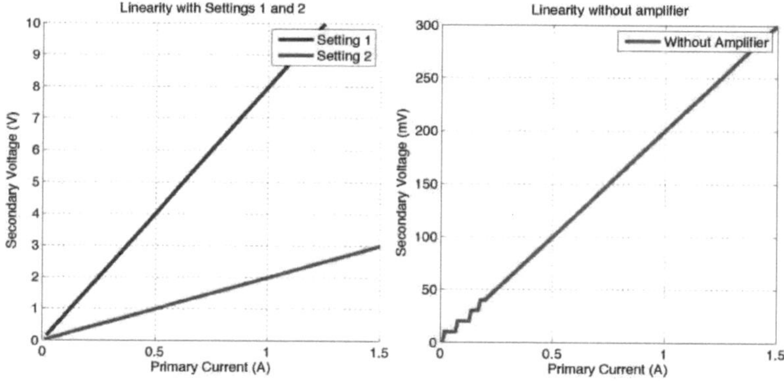

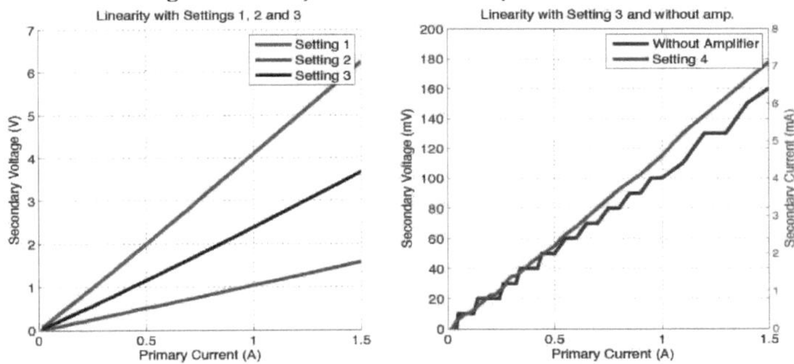

Figura 4.5 Medições **de linearidade** para o sistema A

Figura 4.6 Medições de linearidade para o sistema B com Zelisko GWR3 A idade não era suficientemente grande para ser registada. No entanto, neste caso, este comportamento não se limita apenas às gamas baixas de correntes primárias. Além disso, não se registou uma grande diferença na linearidade das medições quando se utilizou a corrente secundária em vez da tensão. Foram efectuadas medições sem amplificador e sem corrente secundária, mas estas foram muito baixas e instáveis, pelo que não são aqui apresentadas.

As medições do sistema B com o ILDD 096 são apresentadas na figura 4.7. As medições são efectuadas da mesma forma que as efectuadas com o Zelisko GWR3. Mais uma vez, a não-linearidade discutida no Capítulo 3 é visível nas gamas baixas da corrente primária. Os problemas de resolução também estão presentes sem um amplificador. Deve ser mencionado que o comportamento não linear na gama de correntes primárias inferiores a 0,5 A é bem captado com entradas de tensão. No caso da Definição 4, em que a corrente é utilizada como sinal secundário, a resolução dessas medições é baixa. No entanto, é melhorada para valores superiores a 0,5 A.

No final, a quantização da linearidade foi tentada para diferentes sistemas e

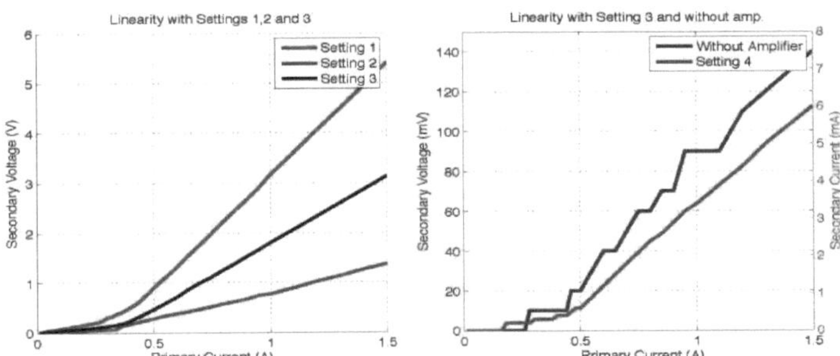

Figura 4.7: Medições da linearidade para o sistema B com ILDD 096

definições. Foram tidos em conta dados de medições com uma gama de 0 A a 1,5 A de corrente primária. A ferramenta Maltab para o ajuste polinomial foi utilizada para aproximar os dados com um polinómio de primeiro grau (linear). Em seguida, o coeficiente de determinação, R^2, foi calculado do seguinte modo.

Se designarmos os pontos de dados reais por yi e os pontos de dados ajustados por fi, podemos escrever que a soma residual dos quadrados é igual a

$$SS_{resid} = \sum_{i=1}^{n} (y_i - f_i)^2 \qquad (4.1)$$

A soma total dos quadrados pode ser calculada multiplicando o número total de pontos menos 1, n - 1, pela variância dos dados medidos.

$$SS_{total} = (n - 1) \cdot Var(y) \qquad (4.2)$$

Por fim, o coeficiente de determinação é calculado da seguinte forma

$$R^2 = 1 - \frac{SS_{resid}}{SS_{total}} \qquad (4.3)$$

Coeficiente R^2 indica-nos qual a variação nos dados (em percentagem) que a aproximação linear prevê nos dados medidos. Por conseguinte, pode ser utilizado para comparar a linearidade de diferentes sistemas e definições de amplificadores. Os resultados são apresentados na Tabela 4.3. A coluna "Set 0" corresponde a medições sem um amplificador.

O que se pode concluir com certeza é que o sistema B com ILDD 096 é menos linear do que tanto o sistema A como o sistema B com Zelisko GWR3. Além disso, podemos

Tabela 4.3: Coeficiente de determinação para sistemas com diferentes configurações

Sistema	Definir 0	Conjunto 1	Conjunto 2	Conjunto 3	Conjunto 4
A	0.9993	1.0000	1.0000	X	X
B com GWR3	0.9944	0.9997	0.9996	0.9994	0.9989
B com ILDD 096	0.9522	0.9562	0.9671	0.9467	0.9359

Verifica-se que as medições de corrente são menos lineares do que as medições de tensão com ILDD. Existem desvios muito pequenos do coeficiente de determinação no Sistema A e no Sistema B com o Zelisko GWR3 com todas as definições do amplificador. Além disso, o valor calculado de R^2 é muito próximo de 1, o que sugere que as medições são muito lineares.

4.4 Ensaios de rampa

Os testes de rampa foram efectuados da seguinte forma. O CMC 256-6 tinha estado a aumentar automaticamente a corrente primária em passos de tempo ajustáveis. Em cada passo, a corrente primária foi aumentada para 20 mA. A corrente primária foi então medida por cada um dos sistemas descritos no início deste capítulo. Quando os eventos de sobretensão ocorriam no REG670, a saída binária era fechada na lista técnica. A lógica é apresentada na Figura A.5.

Uma vez que as saídas binárias do REG670 estavam ligadas às entradas binárias do CMC 256-6, a corrente primária no momento do disparo podia ser registada pelo CMC 256-6. É de referir que os níveis de disparo foram definidos de acordo com as medições obtidas na secção anterior. Foram definidos para corresponder a 1 A de corrente primária. No entanto, devido a imperfeições do sistema de proteção, ocorreram desvios da corrente de disparo desejada.

Os resultados dos ensaios de rampa são apresentados na Figura 4.8. O lado esquerdo da figura corresponde aos resultados com um passo de tempo igual a At = 200ms e o lado direito da figura a *At* = 3s. Uma vez que o primeiro passo de tempo é 5 vezes mais curto do que o comprimento do filtro e o segundo passo de tempo é 3 vezes mais longo do que o comprimento do filtro, os resultados apresentados no lado direito estão mais próximos do valor de disparo desejado.

Além disso, o ILDD 096 registou os maiores desvios em relação ao valor de disparo desejado. A bobina de Rogowski, em ambos os casos de passos de tempo e em todas as três configurações, teve o menor desvio. O Zelisko GWR3 não foi tão bom como a bobina de Rogowski com passos de tempo mais curtos. No entanto, com passos de tempo maiores, o desvio do nível de corrente desejado foi quase tão baixo como no caso da bobina de Rogowski.

Talvez este teste descreva melhor o efeito de diferentes definições do amplificador. De

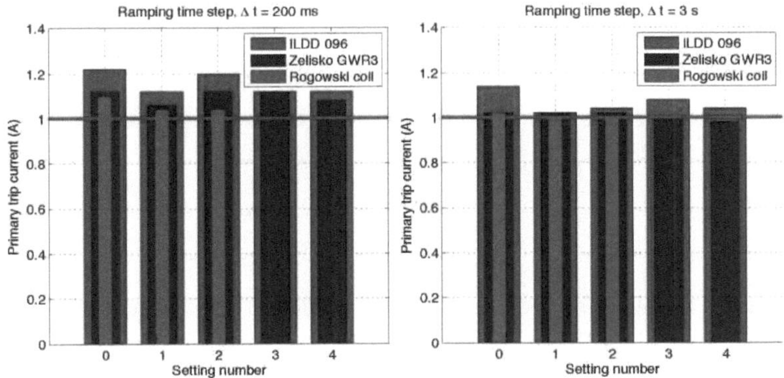

Figura 4.8: Resultados do ensaio de rampa

É claro que, à medida que a amplificação do sinal de tensão é aumentada (definições 0 a 2), os desvios tendem a ser menores. Além disso, os sistemas com as definições 3 e 4 com entradas de corrente apresentam desvios um pouco maiores do que a entrada de tensão com o ganho de amplificador mais elevado. Por conseguinte, pode concluir-se que é melhor utilizar sinais secundários de tensão do que sinais secundários de corrente com amplificador. Além disso, a utilização do amplificador pode ser questionada. Como se mostra aqui, quando o amplificador não é utilizado, o desvio do valor de disparo desejado é, no pior dos casos, de 12 % com o Zelisko GWR3 e com a bobina Rogowski é de 10 %. A opinião do autor é que, se os níveis de corrente de disparo não forem reduzidos para além de 1 A, o amplificador não é necessário como parte dos sistemas.

4.5 Testes de filtragem

Tal como referido no Capítulo 2, as correntes de veio contêm harmónicas. No entanto, foi demonstrado no Apêndice A que o filtro SMAIHPAC será utilizado para extrair apenas alguns harmónicos do sinal. Por conseguinte, foram realizados testes de filtragem para investigar a capacidade do sistema de proteção para isolar apenas determinados harmónicos.

A corrente primária foi injectada com um elevado teor de outros harmónicos que não o que estava a ser medido. A magnitude medida da componente de frequência selecionada foi registada para comparação com diferentes dispositivos e definições. O conteúdo harmónico da corrente primária que estava a ser injectada pode ser consultado na Tabela 4.4.

A Figura 4.9 apresenta um exemplo da forma de onda gerada com este conteúdo harmónico.

A Tabela 4.5 mostra os resultados dos testes de filtragem para medições de harmónicos de primeira ordem na corrente primária nos níveis de disparo e de alarme. Foram efectuadas mais medições

Tabela 4.4: Conteúdo harmónico da corrente primária

Frequência	Magnitude (mA)	Fase (deg.)
50 Hz	250-1500	0
100 Hz	750	90
150 Hz	250-1500	20
200 Hz	850	100
250 Hz	950	25

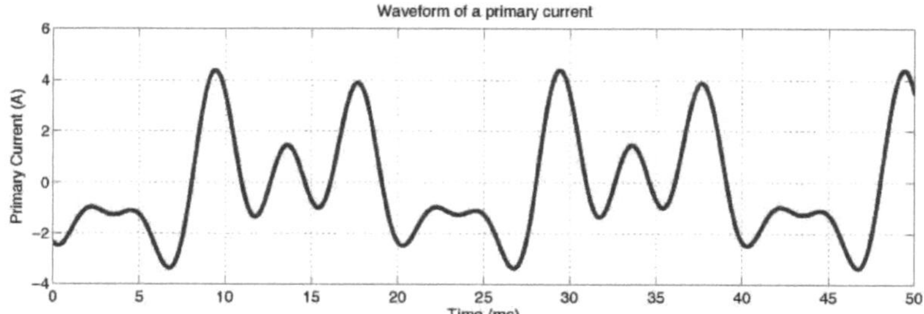

Figura 4.9: Exemplo de corrente primária injectada durante os ensaios de filtragem

Tabela 4.5: Resultados do teste de filtragem

Dispositivo	Definir 0	Conjunto 1	Conjunto 2	Conjunto 3	Conjunto 4	$I_{p\,prim}$
Bobina de Rogowski	965 mA	1000 mA	970 mA	X	X	
Zelisko GWR3	960 mA	914 mA	959 mA	980 mA	960 mA	1 A
ILDD 096	925 mA	972 mA	950 mA	1081 mA	1100 mA	
Bobina de Rogowski	500 mA	500 mA	500 mA	X	X	
Zelisko GWR3	490 mA	458 mA	502 mA	505 mA	533 mA	0.5 A
ILDD 096	620 mA	606 mA	563 mA	684 mA	725 mA	

mas as que aqui se apresentam representam os resultados de todas elas. As células marcadas a amarelo são as que têm medições com um erro superior a 50 mA e as células marcadas a vermelho são as que têm um erro superior a 100 mA.

O comportamento dos sistemas, quando se trata de testes de filtragem, é claro. Com magnitudes mais elevadas de correntes primárias, todos os sistemas forneceram medições com erros dentro de limites razoáveis, exceto o sistema B com ILDD e regulação do amplificador 4. Quando a corrente primária é reduzida para 0,5 A, os resultados ainda estão dentro dos limites para o sistema A e o sistema B com Zelisko GWR3. No entanto, as medições a 0,5 A do sistema B com ILDD 096 apresentam erros elevados. Os erros vão até 45 % da corrente primária efectiva. O mau desempenho do ILDD 096 pode ser associado às não-linearidades indicadas em 3.6 e às distorções das formas de onda indicadas em 3.20.

4.6 Correntes excessivas

Durante os testes e as medições, verificou-se que, quando há uma corrente primária excessiva, a tensão na entrada do amplificador é superior ao nível máximo. Foi efectuada uma investigação do comportamento do amplificador e do relé neste caso.

Para evitar a injeção de correntes excessivas, foi imposta uma tensão na entrada do amplificador. A figura 4.10 mostra o registo de perturbações do relé no caso de a tensão de entrada ser de 30 V. Esta tensão de entrada corresponde a 150 A de corrente primária, o que é 5 vezes superior à tensão nominal da bobina de Rogowski.

O que se pode ver na figura é que, no caso de haver uma tensão

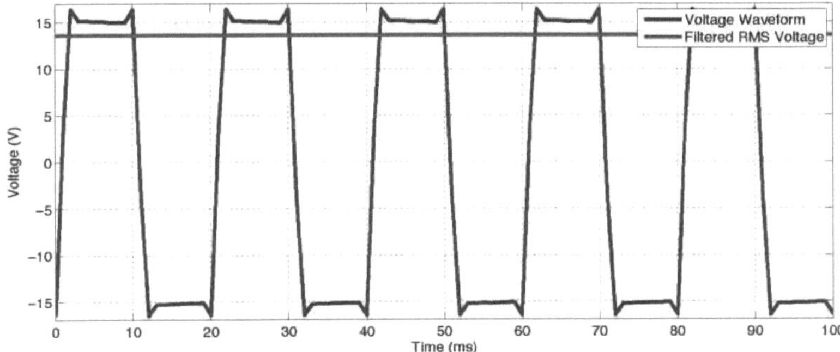

Figura 4.10: Registo em caso de corrente excessiva

superior ao valor máximo de entrada, o amplificador limita a tensão de saída ao valor máximo possível. Isto resulta, obviamente, num nível de tensão RMS filtrado limitado. No entanto, esta tensão é suficientemente elevada para que a função de proteção reconheça o defeito. Também deve ser mencionado que correntes tão altas, como as que são assumidas aqui, não são esperadas na realidade.

4.7 Aplicação do barramento de processo

Nas secções anteriores, o sistema de proteção era constituído, essencialmente, por um dispositivo de medição, um relé e, eventualmente, um amplificador. O sinal de medição era ligado diretamente ou através de um amplificador ao módulo TRM. Os "dados", no sentido de comunicação, eram enviados em bruto através de meios condutores de eletricidade para o TRM.

Uma vez que os dados não foram digitalizados, qualquer interferência nos meios de comunicação (incluindo a impedância do cabo) poderia reduzir diretamente a precisão das medições e, possivelmente, causar o mau funcionamento do relé. Além disso, o dispositivo de medição será montado em torno do eixo do gerador e o relé é normalmente colocado na sala de controlo. Na central hidroelétrica apresentada no Capítulo 5, a distância entre estes dois dispositivos é de aproximadamente 60 m. Os cabos de medição estão adjacentes a outros cabos, incluindo os cabos de alimentação do gerador, com um comprimento de 40 m, como se mostra na Figura 4.11. Por conseguinte, existem muitas possibilidades de comprometer medições tão baixas como as utilizadas neste projeto.

Para reduzir a possibilidade de interferência, a aplicação do barramento de processo é considerada e analisada nesta secção. Na altura em que as medições foram efectuadas no laboratório, não estava disponível nenhuma Unidade de Fusão. No entanto, esta será utilizada como parte da instalação no capítulo seguinte.

4.7.1 Visão geral

O tema da norma IEC61850 é a automação de subestações baseada em relés numéricos modernos que exploram os benefícios das redes de comunicação dentro da subestação. A rede de comunicação de uma subestação moderna, de acordo com a IEC 61850, é dividida em três níveis. Estes são os níveis de processo, de cais e de estação, apresentados na Figura 4.12. A Parte 9-2 da norma acima mencionada define a parte inferior da comunicação

Figura 4.11: Cablagem em Hallstahammar proveniente do gerador

hierarquia do sistema numa subestação moderna, nível de processo. O que também é definido na Parte 9-2 é o barramento de processo. O barramento de processo é utilizado para "comunicação entre o processo de alta tensão e os componentes que interagem com ele" [4]. Uma vez que o barramento de processo será analisado como parte da solução para o problema abordado neste projeto, apenas a Parte 9-2 será considerada na discussão que se segue.

Para começar, será abordado o dispositivo essencial para a existência do barramento de processo, a unidade de fusão. É utilizada como interface entre os TC ou TP convencionais ou não convencionais e os IED, tal como se mostra na Figura 4.12. Os sinais dos sensores mencionados são digitalizados e sincronizados e, em seguida, enviados através do barramento de processo para os IEDs de nível de bay. Nesse sentido, a parte da unidade de fusão tem um papel semelhante ao do TRM e do ADM do REG670 discutido no Apêndice A. A diferença agora é que, em vez de os dados "viajarem" através do módulo backplane do IED, eles viajam através do link Ethernet que faz parte do barramento de processo. As funções de amostragem e proteção de dados estão agora localizadas em dispositivos diferentes. Os valores amostrados de acordo com a IEC61850 são quantidades primárias e são enviados usando multicast da unidade de fusão para todos os IEDs [4].

Uma vez que as unidades de fusão não têm de efetuar a amostragem ao mesmo tempo que todas as outras unidades de fusão na subestação, têm de ser sincronizadas. A sincronização não será discutida aqui, uma vez que não é importante para esta aplicação específica. Existe apenas um sinal de tensão do dispositivo de medição que é utilizado para fins de proteção. Portanto, a mudança de fase deste sinal, em relação a outro sinal, não é importante.

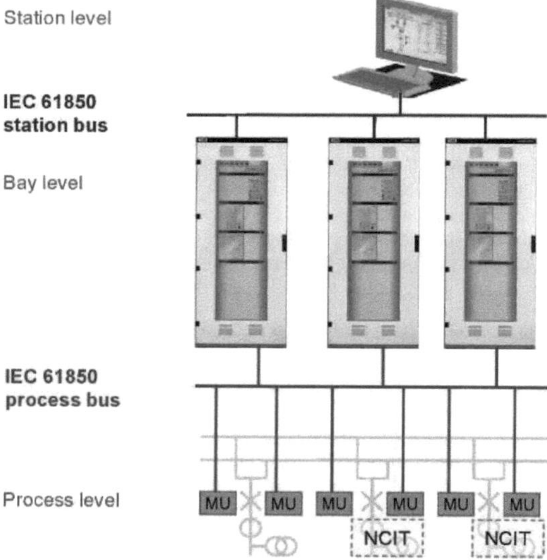

Figura 4.12: Arquitetura de comunicação da subestação de acordo com a norma IEC 61850

4.7.2 Aplicação

Neste projeto, a bobina de Rogowski pode ser considerada como um transformador não convencional. Por conseguinte, a unidade de fusão pode ser utilizada como interface entre a bobina de Rogowski e o REG670 2.0. Em primeiro lugar, a capacidade do REG670 2.0 será investigada a fim de verificar se a mesma aplicação pode ser utilizada com valores amostrados como a descrita no Apêndice A.

Por este motivo, foi montado e configurado o sistema representado na Figura 4.13. É constituído por um conjunto de teste OMICRON CMC256-6, um comutador Ethernet industrial e um REG670 2.0. Tanto o conjunto de teste como o relé estão ligados ao comutador através de fibras ópticas.

O conjunto de teste tem a opção de se comportar como uma MU. Os valores de amostragem são gerados pelo conjunto de teste de acordo com [1]. Uma vez que [1] se refere ao subconjunto da norma IEC61850-9-2, este tipo de valores amostrados é designado por 9-2 Light Edition (LE). Os SV multicast são mapeados para as saídas de tensão secundária do conjunto de teste e para o grupo de saída de corrente A. Assim, todas as correntes e tensões fisicamente injectadas no conjunto de teste são também escaladas para os valores primários de acordo com as definições do utilizador e multicast através do barramento do processo.

A Figura 4.14 mostra os parâmetros para a configuração SV do conjunto de teste. Primeiro pa-

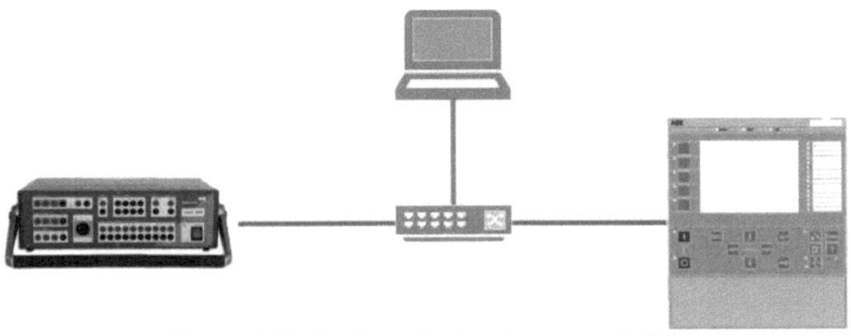

Figura 4.13: Configuração da rede para o teste SV

Figura 4.14: Configuração do OMICRON CMC256-6 SV

rameter, Sampled Value ID (ID do valor amostrado), especifica a ID da unidade de fusão que envia o valor amostrado. Uma vez que, como descrito anteriormente, os SV são enviados como multicast, o endereço MAC multicast é especificado no segundo parâmetro. De acordo com [1], o identificador da aplicação (APPID) tem de ser sempre definido para 16384 (0x4000). O IEC 61850 pode utilizar LAN virtual (VLAN) de acordo com IEEE 802.1q. Isto permite a segregação e a atribuição de prioridades ao tráfego [28]. Por conseguinte, o identificador da LAN virtual e a prioridade dos dados foram introduzidos conforme indicado. De acordo com a norma IEC 61850-7-3, a qualidade dos dados pode ser especificada. Os diferentes valores da etiqueta de qualidade e o seu significado podem ser consultados em [12]. Se o valor for definido como 0, a validade dos dados é assumida como "boa". No final, o sinalizador de simulação pode ser utilizado para indicar que os SVs provêm do dispositivo de teste.

Ao aplicar a configuração em 4.14 ao dispositivo de teste, os quadros SV foram capturados pelo Wireshark. Um dos quadros é mostrado na Figura 4.15.

Pode ver-se que a estrutura do quadro corresponde à descrita por [1]. Por conseguinte, espera-se que este fluxo SV seja compatível com o REG670 2.0. Os 64 bytes da secção seqData são, na realidade, dados correspondentes a 4 canais de tensão e 4 canais de corrente. No momento da captação, verifica-se que o valor instantâneo da corrente é igual a 1145 mA (0x0479). Esta informação encontra-se nos primeiros quatro bytes de seqData.

De seguida, o REG670 2.0 foi reconfigurado. A unidade de fusão foi adicionada na configuração de hardware do IED como uma placa de hardware adicional. Após esta configuração de hardware, apenas o Sampled Value ID foi alterado para ser o mesmo que o definido no conjunto de teste. Agora, o canal da unidade de fusão pode ser usado como um canal TRM.

Isto é mostrado na Figura 4.16. O resto da aplicação é configurado como mostrado no Apêndice A. A única diferença é que agora, em vez de usar sinais do TRM, pode-se usar sinais da Merging Unit. Portanto, nenhuma mudança adicional é mostrada aqui.

Por fim, os valores de amostragem transmitidos a partir do conjunto de teste foram apresentados na HMI

```
Frame 82: 122 bytes on wire (976 bits), 122 bytes captured (976 bits) on interface 0
Ethernet II, Src: OmicronE_03:b0 (00:50:c2:78:b3:b0), Dst: Iec-Tc57_04:00:00 (01:0c:cd:04:00:00)
IEC61850 Sampled Values
    APPID: 0x4000
    Length: 108
    Reserved 1: 0x0000 (0)
    Reserved 2: 0x0000 (0)
    savPdu
      noASDU: 1
      seqASDU: 1 item
        ASDU
          svID: ABB_MU0101
          smpCnt: 3297
          confRef: 1
          smpSynch: none (0)
          seqData: 0000047900000000000000000000000000000000000000000000000...
```

```
0000  01 0c cd 04 00 00 00 50  c2 78 b3 b0 88 ba 40 00   .......P .x....@.
0010  00 6c 00 00 00 00 60 62  80 01 01 a2 5d 30 5b 80   .l....`b ....]0[.
0020  0a 41 42 42 5f 4d 55 30  31 30 31 82 02 0c e1 83   .ABB_MU0 101....
0030  04 00 00 00 01 85 01 00  87 40 00 00 04 79 00 00   .........@...y..
0040  00 00 00 00 00 00 00 00  00 00 00 00 00 00 00 00   ................
0050  00 00 00 00 04 79 00 00  20 00 00 00 00 00 00 00   .....y.. .......
0060  00 00 00 00 00 00 00 00  00 00 00 00 00 00 00 00   ................
0070  00 00 00 00 00 00 00 00  20 00                     ........ .
```

Figura 4.15 Quadro de valores de amostragem

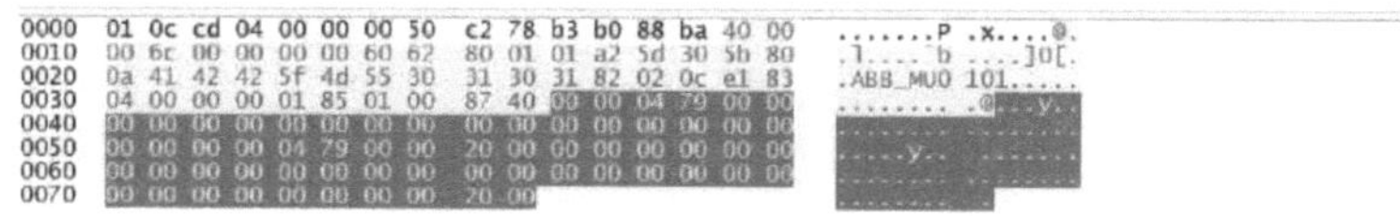
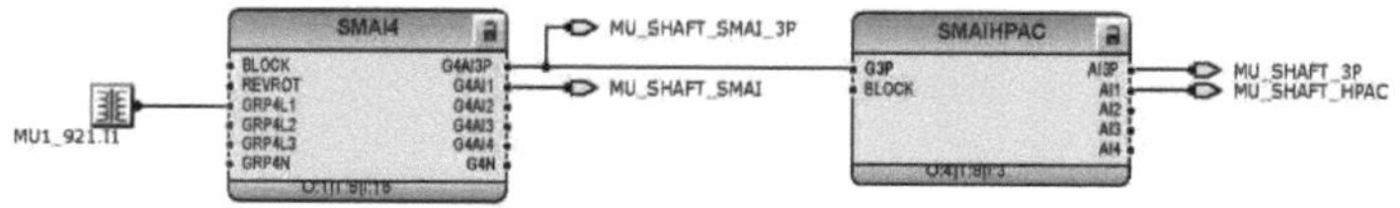

Figura 4.16 Configuração da aplicação da entrada da unidade de fusão do REG670. Correspondiam aos injetados com o conjunto de teste.

Neste projeto não houve tempo para testar a unidade de fusão real com o REG670 no laboratório. No entanto, será mostrado no Capítulo 5 como o conjunto de teste foi facilmente substituído pela Unidade de Fusão, SAM600, à qual foi ligada a bobina de Rogowski.

4.8 Resumo

Neste capítulo, foram descritos dois sistemas com três dispositivos de medição diferentes. Além disso, para todos eles e para várias configurações de amplificador, foram efectuadas medições de linearidade, testes de rampa e de filtragem. O que se pode concluir é que tanto o sistema A como o sistema B com o Zelisko GWR3 apresentaram um desempenho satisfatório. No entanto, não se recomenda a utilização do Sistema B com o ILDD 096 para este fim.

Além disso, neste capítulo são apresentados resultados para diferentes configurações de um amplificador. A partir deles, pode concluir-se que é melhor utilizar entradas de tensão com o ganho de amplificador mais elevado. Além disso, é levantada a questão do benefício que se obtém com a utilização do amplificador. É claro que, com o amplificador, os resultados são mais próximos dos desejados. No entanto, o amplificador também introduz complexidade no sistema e é outro ponto de fraqueza. Por este motivo, o Capítulo 5 analisará mais aprofundadamente a sua necessidade.

No final, foi demonstrado como a Merging Unit e o Process Bus podem ser utilizados como parte da solução de proteção da corrente do veio.

CAPÍTULO 5

Ensaios de centrais hidroeléctricas

Após a análise dos sistemas de proteção completos no Capítulo 4 e a proposta de implementação do barramento de processo, foram efectuadas medições e ensaios finais na instalação na central hidroelétrica de Hallstahammar. Com base nesses testes, será decidida a capacidade dos sistemas para proteger com êxito contra sobreintensidades no veio.

5.1 Instalação existente em Hallstahammar

Em primeiro lugar, serão apresentados alguns dados gerais sobre Hallstahammar encontrados em [2]. Hallstahammar é uma central hidroelétrica construída no rio Kolbacksan. Entrou em funcionamento em setembro de 1990. O caudal máximo de água é igual a 60 m³ /s, o que dá uma potência de 16 MW. Há uma unidade geradora presente na central eléctrica cujos dados técnicos são apresentados na Tabela 5.1.

O que é importante para este projeto é o sistema de proteção da corrente do veio existente em Hallstahammar. O TC existente é do tipo ILDD 052, que foi produzido antes de serem detectados problemas com as propriedades magnéticas do material do núcleo. Por este motivo, espera-se um melhor desempenho do que o apresentado em capítulos anteriores com o ILDD 096. Os enrolamentos secundário e de teste do ILDD 052 estão ligados ao antigo relé de sobrecorrente de veio RARIC da Combiflex. Este relé encontra-se na sala de controlo. A sua construção e princípio de funcionamento podem ser consultados em [20].

A instalação existente do RARIC e do ILDD permitiu comparar a antiga solução de sobreintensidade do veio com diferentes sistemas de proteção que serão discutidos mais adiante neste capítulo.

5.2 Descrição da nova instalação

Para poder testar diferentes sistemas, a instalação foi alterada. A Figura 5.1 apresenta uma visão geral das alterações efectuadas. O texto seguinte descreve-as em pormenor.

Tabela 5.1: Dados do gerador de Hallstahammar

Tipo	ABB GGS 2 700 U	Tensão nominal	10,5 kV
Potência de saída	16 MW	**Velocidade**	250 r/min
Fator de potência	0,85	**Diâmetro do rotor**	3943 mm

Em primeiro lugar, a bobina de Rogowski (modelo LFR/015/1,5/1690) foi colocada no topo do ILDD existente e amarrada com tiras de cabos, como se mostra na figura 5.2. Além disso, foi colocado um condutor adicional, indicado no lado direito da figura 5.2, entre o veio, o ILDD e a bobina de Rogowski. Este condutor foi utilizado para injetar correntes primárias para os ensaios de rampa e de linearidade apresentados mais adiante.

Para além dos cabos que ligam o RARIC e o secundário do ILDD, foram ligados em paralelo dois outros cabos para se poder observar o desempenho do ILDD. Este facto pode também ser observado na Figura 5.2.

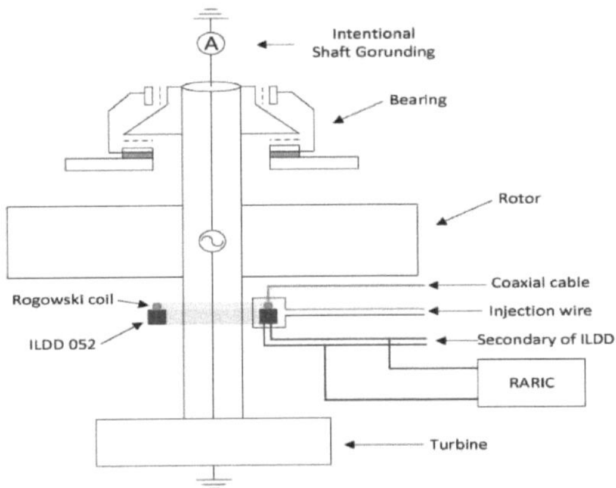

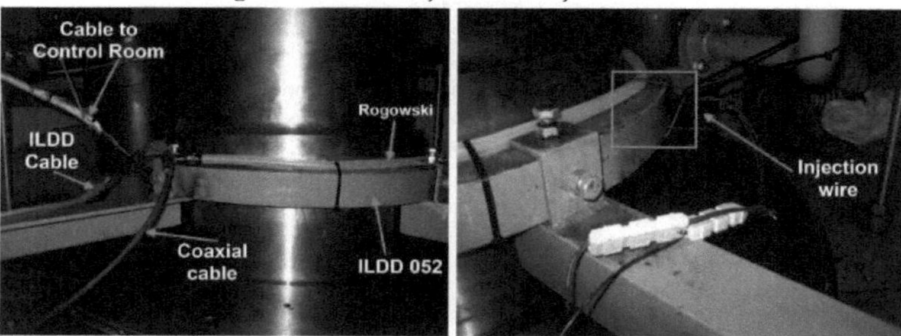

Figura 5.1: Modificação da instalação existente

Figura 5.2: Montagem da bobina de Rogowski

Uma vez que a corrente de injeção não pode representar com precisão a corrente do veio, o veio foi intencionalmente ligado à terra enquanto o gerador estava em serviço. Entre o veio e o ponto de ligação à terra foi instalado um amperímetro. Na secção seguinte será apresentada uma descrição mais pormenorizada.

O resto do equipamento de medição e proteção foi colocado no exterior do compartimento onde se encontravam os dispositivos de medição. A vista geral deste equipamento é apresentada na figura 5.3. O secundário do ILDD 052 foi ligado ao amplificador, em paralelo com o RARIC. A saída do amplificador era então ligada ao canal de tensão no TRM. Do mesmo modo, a saída da caixa integradora da bobina de Rogowski foi ligada ao segundo amplificador. A saída do segundo amplificador foi também ligada ao canal de tensão no TMR do REG670. Em paralelo, a mesma tensão da bobina de Rogowski foi ligada à Merging Unit, que digitalizou o sinal e o enviou através de fibras ópticas para o módulo Ethernet ótico do REG670 (ver figura 5.3). É de referir que, em algumas medições, os amplificadores aqui apresentados foram contornados e o sinal foi ligado diretamente ao TRM.

O que não é mostrado na Figura 5.3 é o conjunto de teste OMICRON. As suas saídas de corrente foram ligadas ao fio de injeção mostrado na Figura 5.1. Além disso, as suas entradas analógicas de tensão foram utilizadas para registar diferentes sinais analógicos neste sistema.

Além disso, foram também efectuadas alterações no relé RARIC na sala de controlo. Em primeiro lugar, as saídas de disparo deste relé foram bloqueadas de modo a poder testar o desempenho da instalação existente e da nova instalação sem disparar a unidade. Além disso, para poder comparar o desempenho do RARIC e do REG670, as saídas de disparo foram redireccionadas para um relé numérico adicional. Este relé foi utilizado apenas para registar a tensão secundária do ILDD nas entradas e saídas de disparo do RARIC. Desta forma, é possível utilizar a tensão do ILDD como sinal de referência quando se comparam os registos efectuados pelo REG670 e pelo relé numérico adicional no controlo

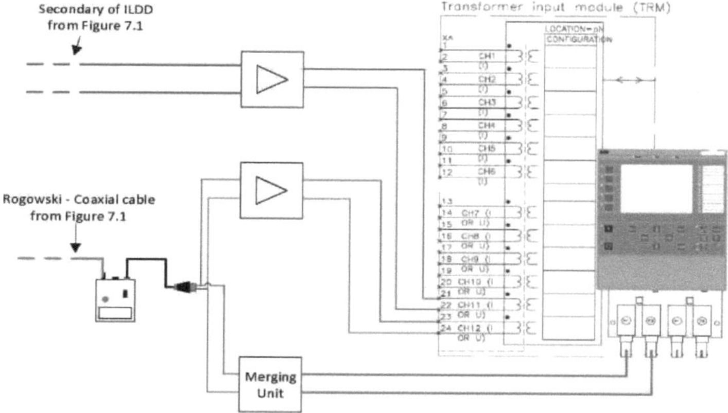

Figura 5.3: Equipamento de proteção e medição na sala Hallstahammar.

Por último, para que o leitor possa compreender as figuras apresentadas nas secções seguintes, é apresentada a Tabela 5.2. Esta resume os valores de disparo e de alarme que foram definidos para o REG670 com diferentes dispositivos.

Tabela 5.2: Definições dos níveis de disparo e de alarme do REG670

Sistema	Valor da viagem	Valor do alarme
Rogowski (sem amplificador)	200 mV	100 mV
Rogowski (com amplificador)	8 V	4 V
Rogowski (MU)	200 mV	100 mV
ILDD 096 (Sem amplificador)	125 mV	62 mV
ILDD 096 (com amplificador)	5,2 V	2,6 V
ILDD 096 + RARIC	164 mV	X

5.3 Medições e resultados dos ensaios

Foram efectuadas várias medições e ensaios diferentes, que serão analisados nas secções seguintes. Devido a limitações de tempo, estes não foram tão extensos como os efectuados no laboratório. No entanto, proporcionaram alguma experiência prática de uma possível instalação permanente. Além disso, fornecem dados suficientes nos quais se podem basear as conclusões finais.

5.3.1 Medições de curto-circuito do veio

A primeira medição foi efectuada através de um curto-circuito no veio do gerador, como se mostra na Figura 5.1. Quando a parte superior do veio é ligada à terra, é criado um caminho para a corrente fluir. Isto pode ser representado por um circuito elétrico simples. A tensão gerada pela assimetria do gerador conduz a corrente através do veio, que pode ser representado por um condutor.

Quando o veio foi posto em curto-circuito, registou-se a tensão de saída da bobina de Rogowski e a tensão secundária do ILDD 052. Além disso, o amperímetro que foi ligado em série com o topo do veio e o ponto de ligação à terra serviu como uma comparação aproximada das medições efectuadas pelos dois dispositivos acima mencionados.

Figure 5.4 mostra os registos capturados da bobina de Rogowski durante o tempo em que a corrente primária estava a fluir através do veio. Como foi descrito anteriormente, a tensão da bobina de Rogowski tem de ser escalada de acordo com a sua sensibilidade nominal para obter a forma de onda da corrente primária. O resultado do escalonamento é o que se mostra na Figura 5.4.

Figure 5.5 mostra a tensão secundária captada do ILDD 096, também enquanto o veio estava em curto-circuito. Neste caso, porém, a forma de onda não foi escalonada. Isto deve-se ao facto de a relação entre a corrente primária e a tensão secundária depender da frequência. Por conseguinte, o escalonamento por um número fixo não representaria a forma de onda real da corrente primária, como é o caso da bobina de Rogowski.

Foi efectuada uma análise FFT das formas de onda apresentadas nas Figuras 5.4 e 5.5. O que se pode ver é que a corrente do veio consiste principalmente numa componente de 150 Hz. O valor RMS da corrente primária medido pela bobina de Rogowski foi aproximadamente o mesmo que o da

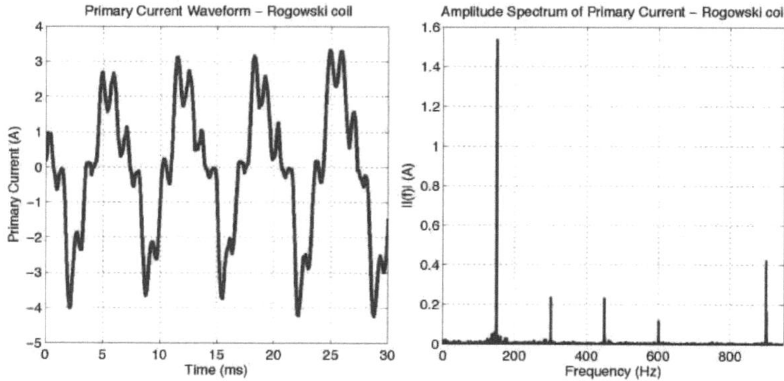

Figura 5.4 Medição da corrente do veio com a bobina de Rogowski

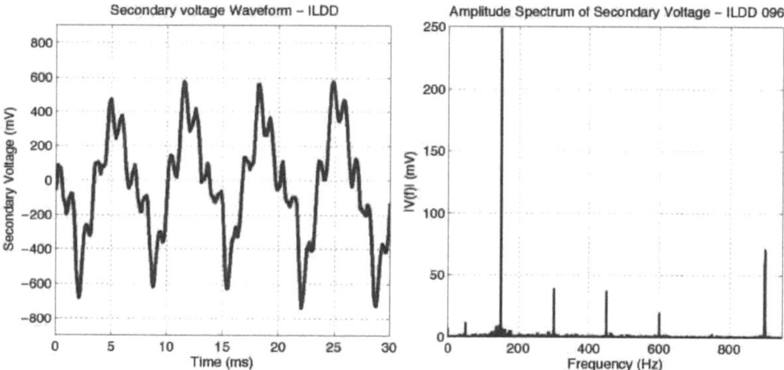

Figura 5.5 Medição da corrente do veio com ILDD 096

medido com um amperímetro, que serviu de confirmação de que o veio estava efetivamente ligado à terra. Não havia informações sobre o número de segmentos do estator, o que, infelizmente, impossibilita a verificação da exatidão da teoria apresentada no Capítulo 2 e em [3].

As figuras mostram também que os rácios entre os diferentes componentes de frequência da corrente de veio no caso da bobina de Rogowski e do ILDD 096 não são os mesmos. Isto deve-se, como já foi referido, ao facto de a tensão secundária dos TC depender da frequência da corrente primária.

Também foi observado como o relé reage à corrente real de curto-circuito. Infelizmente, não foi possível observar o comportamento da parte da instalação que incorpora a Merging Unit. O filtro SMAIHPAC teve problemas temporários que causaram a sua incapacidade de filtrar os dados SV provenientes da MU. Por este motivo, esta parte da instalação não pôde ser utilizada para ensaios com corrente de veio (150 Hz). No entanto, o seu comportamento sem o filtro foi observado mais tarde quando foi injectada corrente de 50 Hz através do fio de injeção.

Figure 5.4: mostra o registo de perturbação recuperado do relé durante 10s quando o topo do poço estava ligado ao solo.

No instante de tempo marcado por 0 s, a ligação à terra é aplicada. Imediatamente, a corrente começa a fluir através do eixo e é captada pelo ILDD e pela bobina de Rogowski. O disparo de ambas as funções de proteção que utilizam o ILDD e a bobina de Rogowski ocorre 1,2 s mais tarde. Este atraso é causado pelo tempo de duração do filtro que é discutido no Apêndice A. O sinal de disparo do relé RARIC também é mostrado. O relé RARIC demora um pouco mais para disparar porque tem um atraso de tempo ajustado para 1.8s.

O registo de perturbações na Figura 5.6 é apresentado para os sinais que não são amplificados antes de entrarem no relé. No entanto, o mesmo comportamento do sistema foi observado com sinais amplificados. No entanto, mais adiante neste capítulo, será mostrado como os sinais amplificados são mais estáveis e não são influenciados pelo ruído no TRM.

Em resumo, todas as funções de proteção, incluindo o relé RARIC, comportaram-se como esperado e reagiram à corrente do veio.

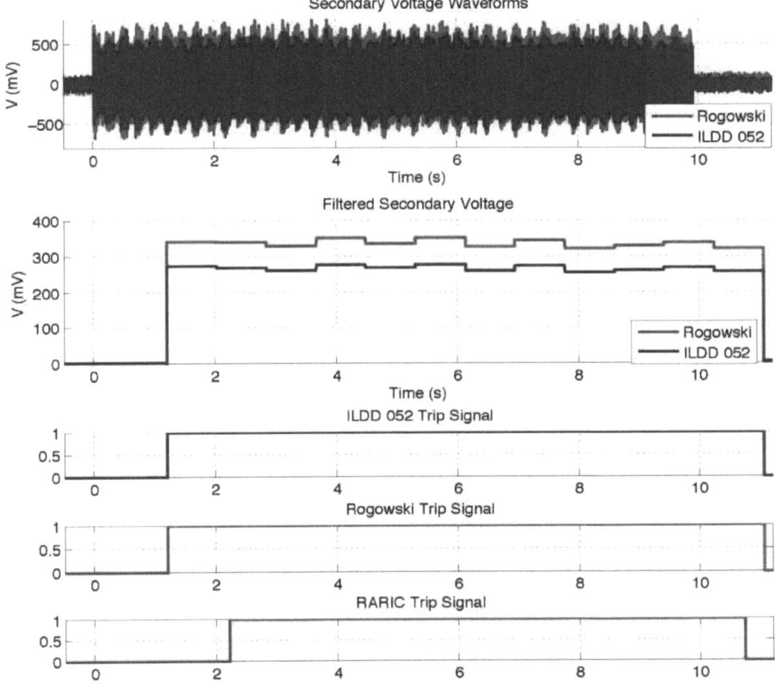

Figura 5.6: Registo de perturbações do REG670

5.3.2 Medições de linearidade

As medições de linearidade foram efectuadas de modo semelhante ao descrito nos Capítulos 3 e 4. O fio de injeção indicado no lado direito da figura 5.2 foi utilizado para injetar corrente primária com uma frequência de 50 Hz. Os sinais amplificados e não amplificados da bobina de Rogowski e do ILDD 052 foram medidos pelo relé. Além disso, os dados SV foram enviados da unidade de fusão onde o sinal não amplificado da bobina de Rogowski estava ligado. Todas essas medições são mostradas na Figura 5.7.

Todos os sistemas apresentam um comportamento linear. Aparentemente, as medições em torno da corrente de 1 A são em degrau, enquanto as restantes medições não o são. Isto deve-se ao facto de terem sido efectuadas mais medições em torno de 1 A do que noutras partes da gama de medição.

Em geral, verificou-se que as medições efectuadas na central eléctrica eram mais instáveis do que as efectuadas no laboratório. Este facto deve-se, muito provavelmente, ao fluxo parasita do gerador. Na última secção deste capítulo, será apresentada mais informação sobre este tema.

5.3.3 Resultados da rampa

Os testes de rampa também foram efectuados de forma semelhante à do Capítulo 4. Desta vez, para cada parte do sistema, foram efectuadas quatro tentativas. Além disso, devido a restrições de tempo, os testes foram efectuados apenas para um passo de tempo igual a At = 200 ms.

A Figura 5.8 mostra os resultados do teste de rampa. O que se pode ver é que a corrente de disparo primária se encontrava dentro de 20% do valor de disparo definido. Supõe-se que teria sido observada uma redução semelhante do desvio da corrente de disparo, como na Figura 4.8, se o passo de tempo tivesse sido maior do que o comprimento do filtro. Devido a este facto e ao facto de não haver alterações significativas entre quatro tentativas diferentes, pode concluir-se que os resultados do ensaio de rampa são satisfatórios.

Os resultados para o caso em que a bobina de Rogowski está ligada à unidade de fusão não são apresentados na Figura 5.8. Todas as correntes de disparo, nesse caso, foram iguais a exatamente 1 A. Como foi mencionado anteriormente, o filtro SMAIHPAC para os dados da MU foi desativado durante o ensaio. Por conseguinte, a função de proteção estava a receber a saída

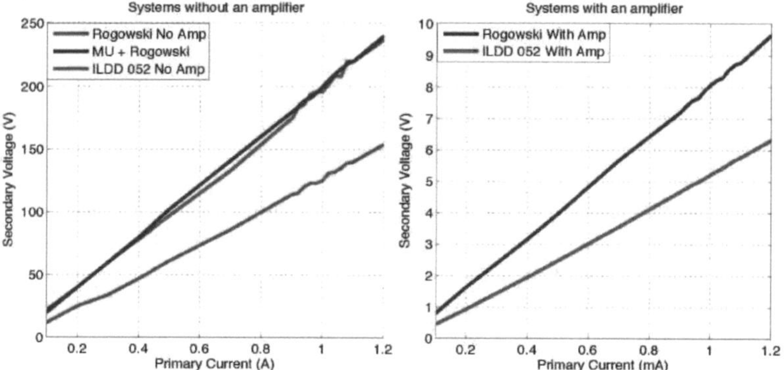

Figura 5. 7 Medição da linearidade em Hallstahammar

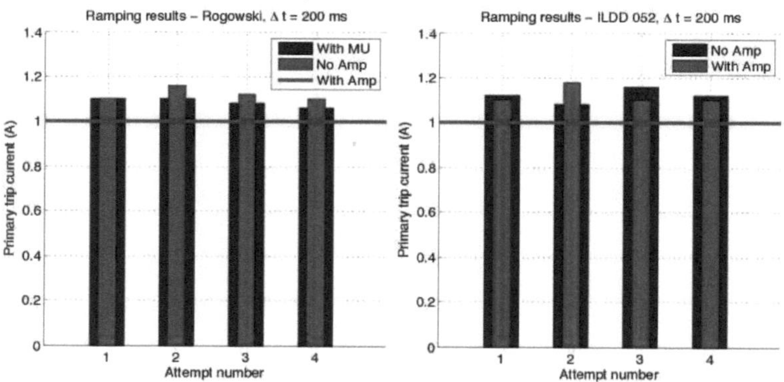

Figura 5.8 Resultados do ensaio em rampa efectuado em Hallstahammar

do bloco de pré-processamento SMAI, cujo comprimento do filtro é muito mais curto do que o do filtro SMAIHPAC. Por esta razão, a função de proteção é muito mais rápida. É, no entanto, expetável que as correntes de disparo primário fossem mais elevadas no caso em que o SMAIHPAC tivesse sido utilizado (com At = 200 ms). No entanto, a vantagem da utilização da unidade de fusão em relação a outras configurações será mostrada na secção seguinte.

5.3.   4Níveis de ruído   e registos de formas de onda

Quando se efectuaram as medições dos capítulos anteriores, verificou-se que alguns deles eram mais ou menos estáveis do que os outros.

Por este motivo, tentou-se medir as formas de onda secundárias para as comparar com as observações efectuadas na HMI. Foi injetado 1 A de corrente primária de 50 Hz através do fio de injeção. O mesmo foi feito para diferentes configurações da instalação. Os registos das perturbações obtidas são apresentados na Figura 5.9. Pode ver-se que, como o sinal é mais baixo, a influência do ruído na relação sinal/ruído é maior. Por este motivo, a distorção do sinal é mais elevada nos sistemas sem amplificador do que nos sistemas com amplificador. Além disso, como a tensão secundária do ILDD 052 é inferior à da bobina de Rogowski, a distorção é mais elevada nesse caso.

No entanto, as observações da HMI e da Figura 5.9 mostram claramente que a combinação da unidade de fusão com a bobina de Rogowski proporciona os melhores resultados. Mesmo com valores de tensão baixos, a forma de onda é reproduzida com exatidão e sem distorção. Além disso, as medições efectuadas com a unidade de fusão foram muito mais estáveis do que as outras. O TRM de um REG670 tem, ao contrário da

Merging Unit, transformadores de entrada. Estes transformadores precisam de ser magnetizados por uma parte do sinal. Quando este sinal é muito baixo, como é o caso, as medições tornam-se instáveis e menos exactas devido à magnetização.

Uma das maiores preocupações que foi detectada com os dispositivos de medição no Capítulo 3 foi a influência do fluxo parasita do gerador. Aqui, esta influência, juntamente com o ruído herdado dos dispositivos, é designada por ruído. Para verificar a forma como este influencia os dispositivos, o ruído foi registado na saída do ILDD e da bobina de Rogowski.

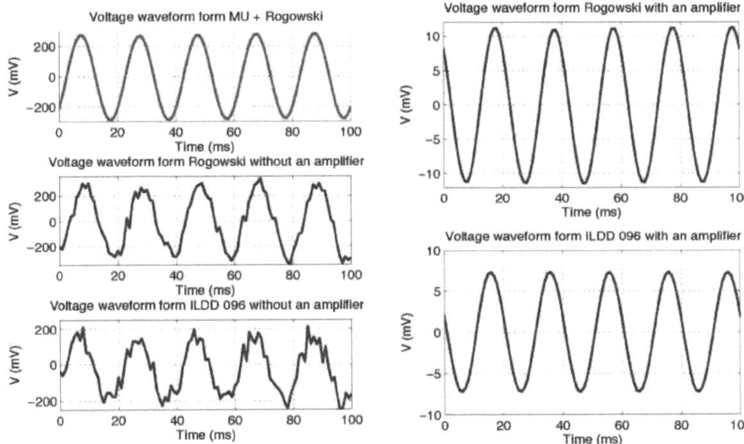

Figura 5.9 Recodificação de relés das formas de onda da tensão secundária

A figura 5.9 mostra esses registos. A análise da frequência das formas de onda da tensão mostrou que ambos os dispositivos medem algum fluxo parasita do gerador a 50 Hz e 150 Hz. No entanto, é evidente que, no caso da bobina de Rogowski, a influência do fluxo parasita é muito menor. O ruído de baixa frequência da bobina de Rogowski, analisado no capítulo 3, também está presente.

Os registos acima apresentados são captados quando a potência de saída do gerador era de 5 MW. Para verificar se há alguma alteração na medição do fluxo parasita com o aumento da potência de saída, a potência de saída foi aumentada para 12 MW. Não foi detectada qualquer alteração.

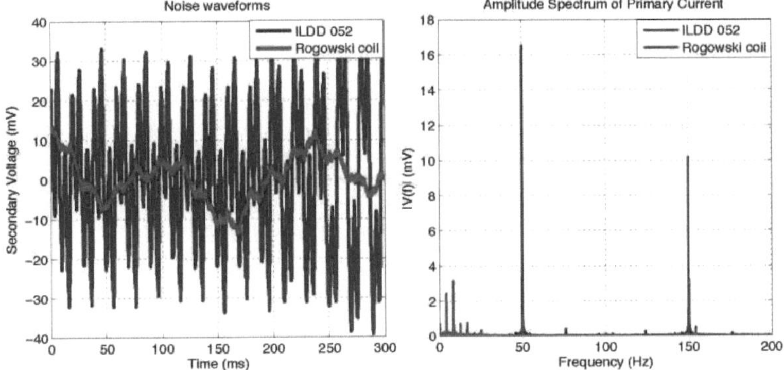

Figura 5.10: Ruído da bobina de Rogowski e do ILDD 052

Conclusões e trabalho futuro

Neste capítulo, serão apresentadas conclusões baseadas no trabalho apresentado nos capítulos anteriores. Além disso, esta solução não pode ser considerada como um produto final. Por conseguinte, a seguir às conclusões, será indicado o trabalho futuro que precisa de ser efectuado.

Conclusões

Para começar, a hipótese de que a bobina de Rogowski era a escolha adequada para o dispositivo de medição foi investigada ao longo deste projeto.

Em termos das suas propriedades mecânicas, a bobina de Rogowski superou os TC utilizados neste projeto, mas também outras soluções possíveis apresentadas no Capítulo 2. Do mesmo modo, em termos de propriedades electromagnéticas, provou-se que é mais adequada para esta aplicação. A sua tensão secundária de saída após o integrador é superior à dos TCs. Além disso, a ausência de núcleo magnético resulta em respostas de frequência planas e linearidade em toda a gama de medição considerada. Foi detectado ruído de baixa frequência com a bobina de Rogowski. No entanto, uma vez que é muito baixo e não se encontra nas frequências a medir, não afecta o desempenho global. Foram levantadas algumas preocupações quanto à sua capacidade de rejeição quando existem campos externos em torno da ligação em T. Essas preocupações foram contestadas por medições efectuadas com a bobina de Rogowski. Essas preocupações foram contestadas por medições efectuadas em Hallstahammar. Foi demonstrado que o fluxo parasita nesta central eléctrica em particular não era suficientemente elevado para causar erros nas medições.

Foram também estudados três TC diferentes. São mecanicamente muito menos atractivos do que a bobina de Rogowski. O peso do TC dificulta a sua montagem à volta do veio em espaços confinados e escuros, como se verificou em Hall- stahammar. Além disso, são constituídos por 2 ou mais partes. Essas partes centrais dos TC têm de ser ligadas com precisão e pressionadas umas contra as outras para reduzir o mais possível o espaço de ar. Isto pode ser, dependendo do projeto, mais ou menos difícil (ver Figuras 3.2 e 3.3). Além disso, as saídas de tensão destes transformadores são inferiores às da bobina de Rogowski. Uma vez que têm um núcleo magnético, as medições dependem da frequência da corrente primária.

No entanto, o Zelisko GWR3 e o antigo ILDD 052 demonstraram ser adequados para utilização como dispositivo de medição. O ILDD 052 pode ser considerado como parte de uma instalação de reequipamento com o REG670. Além disso, o Zelisko GWR3 podia ser utilizado com os antigos relés ABB RARIC e REG670. Este não era o caso do ILDD 096 devido à sua baixa tensão de saída e ao seu reduzido desempenho magnético.

Pretendia-se que o REG670 fosse utilizado com um dispositivo de medição para realizar a função de proteção da corrente do veio. Devido aos transformadores de corrente de entrada, as medições não eram estáveis e precisas na gama de tensões abaixo do valor nominal mínimo. Por este motivo, foi utilizado um amplificador como parte dos sistemas dos capítulos 4 e 5. Foi demonstrado que as medições eram mais exactas quando eram amplificadas.

No entanto, com os níveis de disparo e alarme atualmente definidos, mesmo que as medições estejam fora da gama de medição nominal, os sistemas sem amplificadores também podem ser utilizados em conjunto com o filtro SMAIHPAC.

No final do projeto, houve a possibilidade de investigar a forma como a fusão da unidade e do barramento de processo poderia ser utilizada neste caso específico. Devido a limitações de tempo, esta solução não foi testada e medida tão extensivamente como outras. No entanto, as medições iniciais no laboratório e as obtidas na central eléctrica dão resultados promissores. A ausência de transformadores de entrada na unidade de fusão resultou em medições muito mais exactas e estáveis a níveis baixos, mesmo sem um amplificador. Além disso, a possibilidade de EMI na cablagem que vai para a sala de controlo é muito reduzida devido à utilização de fibras ópticas.

Trabalho futuro

Há várias etapas que devem ser seguidas antes de finalizar esta função de proteção como parte do produto.

Em primeiro lugar, a bobina de Rogowski foi montada no topo do ILDD 052 em Hallstahammar. Esta estrutura não estará, porventura, disponível noutras instalações. Por conseguinte, é necessário propor uma nova solução de montagem concebida para a bobina de Rogowski. As configurações foram testadas apenas numa central eléctrica, relativamente pequena. Por conseguinte, as conclusões deste trabalho não podem ser generalizadas, com absoluta certeza, a todas as centrais eléctricas. O mesmo procedimento aqui apresentado deve ser repetido durante a entrada em funcionamento de outra central eléctrica.

Além disso, o curto-circuito do veio forneceu medições valiosas da corrente real do veio. Foi demonstrado que esta consistia maioritariamente na componente de 150 Hz, apesar de existirem também outras componentes de frequência. Com a função de aplicação de corrente, o filtro permite escolher apenas um componente. A não consideração de outros componentes reduz a precisão da função de proteção mas, por outro lado, aumenta a segurança contra o ruído e os fluxos parasitas.

Para fazer face à redução da precisão, pode ser desenvolvido um bloco de funções específico. Este bloco de funções, no caso de não haver grande influência de fluxos parasitas, conteria vários filtros ligados em paralelo. Assim, calculariam vários harmónicos sem reduzir a segurança. Esses harmónicos poderiam ser somados e utilizados como entrada para o bloco de funções de proteção.

APÊNDICE A

ABB REG670 - Relé de proteção do gerador

Para efeitos de proteção do veio do gerador, foi utilizado o relé numérico REG670 Versão 2.0 fabricado pela ABB [19]. O texto seguinte será dedicado à sua configuração de hardware, à configuração da aplicação e à capacidade de medir sinais de baixo nível.

A.1 Configuração do hardware

A configuração do hardware da unidade específica que foi utilizada será descrita aqui. A Tabela A.1 apresenta um resumo de todos os módulos que equipam este equipamento. A parte posterior do equipamento com os slots dos módulos é mostrada na Figura A.1. Estes módulos serão explicados no texto a seguir.

O dispositivo foi colocado numa caixa de rack[1] /2 de 19" de largura e tinha 6U (6 unidades de rack) de altura. No interior da caixa, encontram-se várias ranhuras para placas de circuito impresso (PCB) ou módulos. Estes são alimentados pelo módulo de alimentação eléctrica (PSM). É utilizado para fornecer tensão aos circuitos e para os isolar da bateria da estação. Isto é efectuado através de um conversor DC/DC. A tensão nominal de entrada deste módulo é de (24-60) V DC.

Todas as placas de circuito impresso no invólucro do dispositivo podem ser conectadas a duas placas de circuito impresso diferentes, novamente no backplane do equipamento. Uma delas, o Módulo de Placa Traseira Combinada (CBM), transporta todos os sinais internos entre os módulos, exceto os sinais do Módulo de Entrada do Transformador (TRM). Para realizar esta tarefa, o módulo de placa traseira universal dedicado

Tabela A.1: Configuração do hardware do REG670 2.0

Espaço do cartão	Tipo de cartão
P1 p3 p4 p30 p31 p30:1 p30:2 p30:3 p40	PSM - Módulo de fonte de alimentação BIM - Módulo de entrada binária BOM - Módulo de saída binária NUM - Módulo de processo numérico ADM - Módulo de conversão analógico-digital OEM - Módulo Ethernet ótico de 2 portas LDCM - Módulo de comunicação de dados de linha GTM - Módulo de sincronização de tempo GPS TRM - Módulo de entrada do transformador (6I + 6U)

Figura A.1: Parte de trás do REG670 2.0

(UBM) é atribuído. O TRM é ligado ao UBM juntamente com o módulo de processamento numérico (NUM)

e o módulo de conversão analógico-digital (ADM).

O TRM é utilizado como separação galvânica de cablagens externas e circuitos internos. Também transforma as correntes e tensões secundárias geradas pelos transformadores de medição. Neste caso, o TRM tinha 12 canais de entrada. Seis deles eram canais de tensão e seis de corrente. Os sinais transformados pelo TRM são depois processados pelo ADM. No ADM, os sinais de corrente são ajustados a níveis electrónicos utilizando dois shunts diferentes para obter uma gama dinâmica de 20 bits com um conversor A/D de 16 bits. A frequência de amostragem dos sinais de tensão e de corrente é de 5 kHz no sistema de 50Hz e de 6 kHz no sistema de 60Hz. Os sinais convertidos são também filtrados com uma frequência de corte de 500 Hz. São depois transmitidos ao NUM com uma frequência de 1 kHz no sistema de 50Hz e de 1,2 kHz no sistema de 60Hz. Mais adiante, neste capítulo, será dedicado mais texto à filtragem e à amostragem dos sinais. O NUM é responsável por todas as funções e lógica de proteção.

Para poder ler as entradas binárias e definir o estado das saídas binárias, o dispositivo foi equipado com o módulo de entrada binária (BIM) e o módulo de saída binária (BOM). O BIM tem 16 sinais de entrada opticamente isolados que podem ser utilizados como sinais lógicos para qualquer uma das funções da aplicação. O BOM, por outro lado, tem 24 relés de saída que podem ser utilizados para disparo ou para qualquer outra finalidade de sinalização. Alguns outros módulos foram montados no ADM. Um deles era o módulo Optical Ethernet (OEM) com duas portas que são posteriormente utilizadas conforme descrito no capítulo 5. O seu objetivo é ligar o equipamento a barramentos de comunicação, tais como os que utilizam a norma de comunicação IEC 61850. Foi montado mais um módulo de comunicação no ADM, o Line Data Communication Module (LDCM). É utilizado para comunicar com outros IED ou com o conversor ótico-elétrico, ambos equipados com módulos LDCM. O módulo de sincronização de tempo GPS (GTM) também pode ser encontrado numa das ranhuras do ADM.

Na parte da frente deste equipamento, encontra-se a interface homem-máquina local (LHMI). A LHMI é constituída por um ecrã, vários botões e indicadores LED e uma porta de comunicação Ethernet.

A.2 Configuração da aplicação

Nesta secção, são descritos a Configuração da Aplicação e os blocos de funções que serão utilizados para fins de proteção da corrente do veio.

A.2.1 Entradas analógicas

Para começar, a Figura A.2 mostra a configuração da aplicação das entradas analógicas. Como se pode ver, os sinais de tensão e corrente do TRM são ligados aos blocos de pré-processamento da Matriz de Sinais para Entradas Analógicas (SMAI). Este bloco de funções utiliza os sinais ligados às suas entradas para calcular diferentes informações sobre estes sinais, tais como o valor RMS, os harmónicos, a frequência, etc. Esta informação (244 parâmetros no total) é depois utilizada por outros blocos de função ligados às saídas da SMAI.

Neste caso, os sinais de saída dos blocos de função SMAI são conectados ao bloco de função de filtragem multiuso correspondente, SMAIHPAC. Os sinais dos blocos de função SMAI vêm à taxa de 20 amostras por período de frequência do sistema. O filtro começa por guardar as amostras dos blocos SMAI num período de tempo definido pelo utilizador. Depois de serem guardadas amostras suficientes no filtro, é calculada a componente de frequência desejada do sinal. Isto inclui a sua magnitude, ângulo de fase e frequência exacta. Utilizando este filtro, é possível isolar a componente de frequência exacta do sinal de corrente do veio que é necessário para efetuar a proteção da corrente do veio. Os parâmetros que precisam de ser definidos para este filtro são apresentados na Tabela A.2

O primeiro parâmetro que precisa de ser definido é o tipo de ligação do sinal de entrada. Como temos apenas um sinal de entrada por filtro ou bloco SMAI, não há

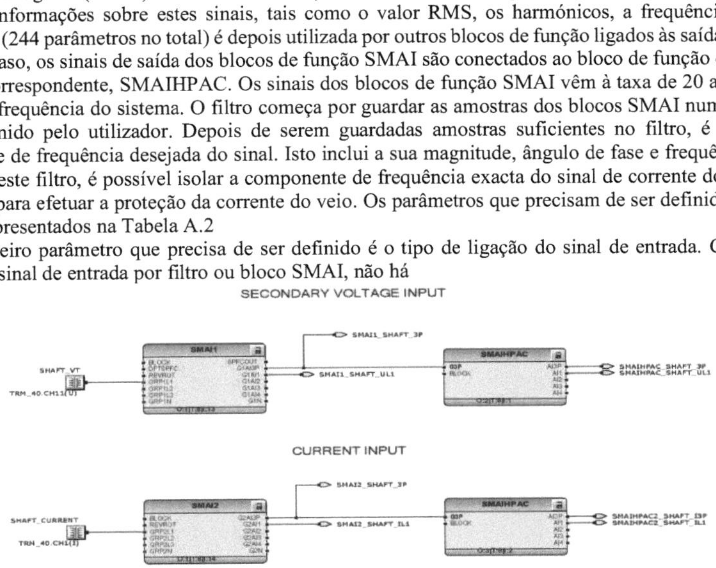

Figura A.2: Configuração da aplicação das entradas analógicas

Tabela A.2: Definições dos parâmetros do SMAI HPAC

Tipo de ligação	Ph-N
DefinirFrequência	50/150 Hz
FreqBandWidth	0,0 Hz
Comprimento do filtro	1.0 s
Sobreposição	20 %

forma de ligar as entradas do TRM que não seja Ph-N. O parâmetro SetFrequency pode ser utilizado para especificar qual o componente de frequência que se pretende extrair do sinal de entrada.

FreqBandWidth pode ser utilizado para definir a largura de banda em torno da frequência pretendida na qual os componentes de frequência serão procurados. É importante mencionar que o filtro tem a sua própria largura de banda natural, que depende de FilterLength.

FilterLength define o tempo que o filtro demora a armazenar todas as amostras necessárias para o cálculo. À medida que o comprimento do filtro aumenta, a largura de banda natural diminui. No caso de 1,0 s de comprimento do filtro e 0 Hz de largura de banda de frequência definida, como é o caso aqui, a largura de banda de frequência total do filtro consistirá apenas na largura de banda de frequência natural, que é de ±3 Hz. Se houver mais do que uma componente de frequência dentro da largura de banda, o filtro escolherá a que tiver a magnitude mais elevada. No entanto, se não houver uma magnitude claramente mais elevada, o filtro devolverá zero para a magnitude e o ângulo de fase. Nesse caso, a frequência do sinal terá um valor igual a menos um.

O parâmetro Sobreposição define a frequência com que os cálculos serão efectuados. O que acontecerá no caso de uma sobreposição de 20 % é o seguinte. Os fotogramas de dados correspondentes ao comprimento do filtro de 1,0 s serão preenchidos com dados. Os últimos 20 % dos dados anteriores serão levados para o novo fotograma. Por conseguinte, dois fotogramas serão sobrepostos. Quando a nova moldura estiver cheia, os cálculos serão efectuados novamente, aumentando assim o número de vezes que o filtro efectua cálculos por comprimento de filtro.

A.2.2 Funções de proteção

Com base nos dados dos blocos de função SMAI e nos dados filtrados dos filtros SMAIH-PAC, a função de proteção será executada. A configuração da aplicação é apresentada na Figura A.3.

Existem dois conjuntos de funções de proteção geral de corrente e tensão, CV- GAPC. Um conjunto será utilizado com os sinais provenientes dos filtros e o outro com os sinais provenientes do bloco de pré-processamento SMAI. Desta forma, será possível ver a diferença na utilização destes dois tipos de sinais.

Para cada um dos dois blocos CVGAPC, são habilitadas duas proteções de sobretensão e duas de sobrecorrente. São do tipo IEC de Tempo Definido com tempo de atraso ajustado para zero. São de dois pares, pois um deles será ajustado para operar no nível inferior de tensão ou corrente correspondente ao nível de alarme e o outro para o nível superior de tensão ou corrente correspondente ao nível de disparo.

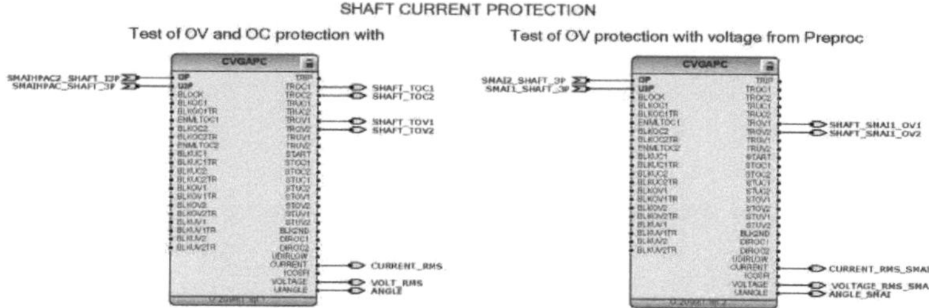

Figura A.3: Configuração da aplicação da função de proteção

A.2.3 Registo de perturbações

Para poder registar e analisar as formas de onda dos sinais de veio e as saídas de disparo das funções de proteção, é utilizado um registador de perturbações integrado. A configuração da aplicação do registador de perturbações é apresentada na figura A.4.

São apresentados três blocos de funções. Dois deles, A1RADR e A4RADR, são utilizados para o registo de sinais analógicos de sinais externos provenientes dos blocos de função TRM e SMAI e de sinais analógicos internos, respetivamente. Como mencionado, diferentes sinais, como formas de onda de sinais, valores RMS, ângulos de fase, frequências, etc., são conectados a esses blocos de função e armazenados na memória quando ocorre o disparo.

Os registos de perturbações são acionados quando se verifica uma alteração do valor lógico verdadeiro dos sinais binários no bloco de funções B1RBDR. Todos os sinais binários que se pretende captar são ligados às entradas deste bloco de função. Neste caso, trata-se de sinais de alarme e de disparo dos blocos de função de proteção.

A.2.4 LED e lógica de saída binária

Para poder testar a função de proteção, foi criada a configuração da aplicação apresentada na Figura A.5.

Os sinais de disparo das funções de proteção são ligados à Matriz de Sinais para Saídas Binárias, SMBO. A SMBO funciona como uma interface entre os sinais binários e as saídas binárias efectivas na lista técnica. O que se consegue desta forma é que

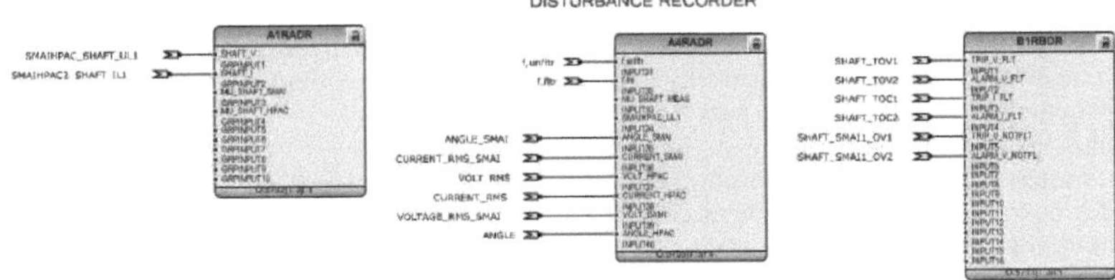

Figura A.4: Configuração do registador de perturbações

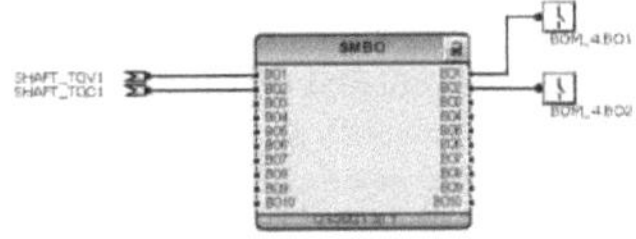

Figura A.5: Lógica de saída binária

para qualquer disparo das funções de proteção, o contacto correspondente na lista técnica fecha-se.

Além disso, para poder distinguir visualmente entre diferentes eventos de disparo ou alarme, os sinais binários também são conectados a diferentes LEDs, como mostrado na Figura A.6. Somente são utilizados os três primeiros LEDs da consola do relé. Quando ocorre um evento de disparo, acende-se a luz vermelha no LED correspondente e quando ocorre um evento de alarme, acende-se a luz amarela.

A.3 Representação gráfica

Para facilitar o processo de medição, é utilizado um ecrã gráfico para mostrar diferentes variáveis.

As variáveis apresentadas são a tensão de saída filtrada e não filtrada dos dispositivos de medição, a frequência obtida a partir do sinal filtrado, a corrente primária calculada a partir da tensão filtrada, a corrente secundária filtrada dos dispositivos de medição e os ângulos de fase dos sinais de corrente e tensão. O ecrã é apresentado na figura A.7.

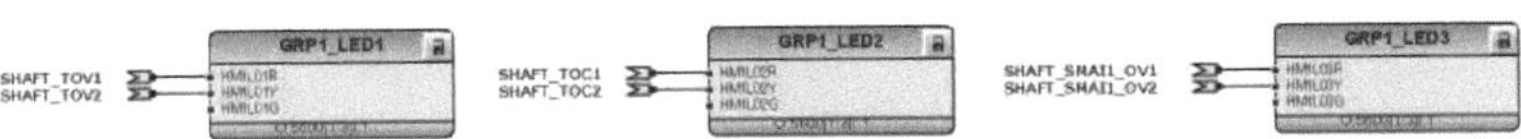

Figura A.6: Lógica dos LEDs

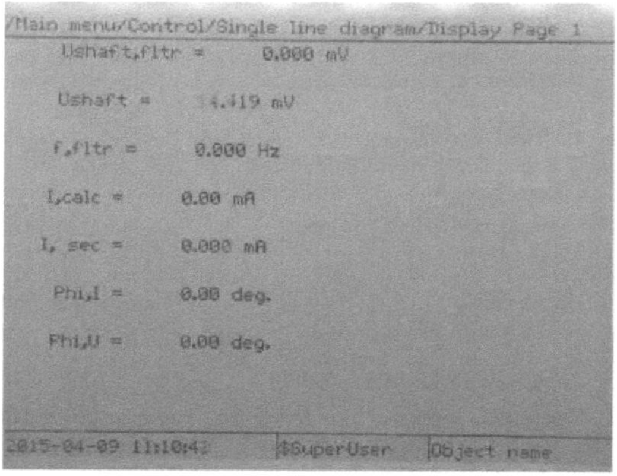

Figura A.7: Ecrã na LHMI

A.4 Linearidade e precisão para sinais de baixo nível

A aplicação mais comum do REG670 inclui a medição de tensões e correntes muito mais elevadas do que as medidas neste projeto. Por conseguinte, a linearidade e a exatidão foram investigadas para sinais de nível tão baixo. As grandezas secundárias dos dispositivos de medição podem ser correntes e tensões. Por conseguinte, o desempenho do REG670 será testado para ambos os sinais.

A.4.1 Dados técnicos do fabricante

Os dados técnicos fornecidos pelo fabricante relativamente à TRM e aos seus valores nominais e limites são apresentados no quadro A.3. Os dados técnicos relativos ao bloco de funções de proteção são apresentados no quadro A.4. As discussões posteriores sobre a precisão das medições e das funções de proteção basear-se-ão nestes dados.

Uma vez que todos os sinais de saída dos dispositivos de medição apresentados no capítulo 3 serão de níveis baixos, apenas serão discutidos os níveis mais baixos da gama de medição e a sua exatidão. De acordo com a Tabela A.3, a corrente mais baixa que pode ser medida com exatidão com o TRM dentro da gama nominal é de 200 mA. No caso da tensão, o nível mais baixo mensurável dentro da gama nominal é de 500 mV. No entanto, a gama de funcionamento das entradas de tensão e de corrente começa em 0 A ou 0 V. Por conseguinte, para níveis tão baixos, é necessário verificar a capacidade de medir sinais e a exatidão. Isto foi feito e os resultados serão apresentados na secção seguinte.

De acordo com os dados técnicos da função de proteção CVGAPC apresentados no quadro A.4, a precisão da proteção contra sobreintensidades a níveis inferiores a 1 A é de ±10 mA para uma gama especificada de correntes. Da mesma forma, a precisão da proteção contra sobretensão em níveis inferiores a 110 V é de ± 5 mV para uma gama especificada de tensões.

Tabela A.3: Módulo de entrada do transformador - Dados técnicos

Quantidade	Valor nominal	Gama nominal
Atual	Ir = 1 ou 5A	
Gama operativa	(0 - 100) x Ir	(0,2 - 40) x Ir)
Fardo	< 20mVA a Ir = 1A	
Tensão AC	Ur = 110 V	(0.5 - 288) V
Gama operativa	(0 - 340) V	

Fardo	< 20 mVA a 110 V	
Frequência	f_r = 50/60 Hz	±5%

Quadro A.4: Função de finalidade geral (CVGAPC) - Dados técnicos

Função	**Intervalo ou valor**	**Exatidão**
Sobrecorrente de arranque	(2 - 5000)% da base I	±1,0% de Ir para I < Ir
Sobretensão de arranque	(2,0 - 200,0)% $deUbase$	±0,5% de Ur para U < Ur

A.4.2 Resultados dos ensaios

Uma vez que os dados técnicos não cobrem a gama de valores a medir, foi testada a linearidade e a exatidão das medições do equipamento.

As definições das funções de proteção do REG670 baseiam-se nas quantidades primárias definidas pelo utilizador. Não foi possível definir a relação TP para 1:1 e, por isso, o lado primário dos transformadores é definido para o valor que permitiria escalar os valores com o fator 100. As definições são então escaladas em conformidade. Os rácios de TC e TP são apresentados na Tabela A.5.

Antes de efetuar os ensaios, foram registados os níveis de ruído nos canais de tensão e de corrente. Para o efeito, ligaram-se à terra os dois terminais dos canais de tensão e abriram-se os terminais dos canais de corrente. A intenção é utilizar sinais filtrados e, por conseguinte, quando se trata de níveis de ruído, a saída RMS dos filtros será considerada relevante.

Os resultados apresentados na figura A.8 mostram que o nível de ruído da tensão filtrada não excede 5 mV e o nível de ruído da corrente filtrada não excede 0,1 mA. Este facto foi posteriormente tido em conta quando as medições foram efectuadas. As medições de tensão foram arredondadas em 5 ou 10 mV e as medições de corrente em múltiplos de 0,1 mA.

O que também pode ser visto é o benefício da utilização do filtro SMAIHPAC. No caso do sinal proveniente do bloco de pré-processamento SMAI (filtrado com DFT de 1 ciclo), o valor RMS do ruído é muito mais elevado do que no caso do sinal proveniente do filtro SMAIHPAC.

Quadro A.5: Definições dos canais TRM

Nome	Unidade	Etapa	Descrição	Valor IED
CTsecl	A	1	Corrente secundária nominal do TC para CH1	1.0
CTpriml	A	1	Corrente primária nominal do TC para CH1	1.0
VTseclO	V	0.001	Tensão secundária nominal VT para CH10	1.0
VTprimlO	kV	0.05	Tensão primária nominal VT para CH10	0.1
VTsecll	V	0.001	Tensão secundária nominal VT para CH11	1.0

VTprimll	kV	0.05	Tensão primária nominal VT para CH11	0.1

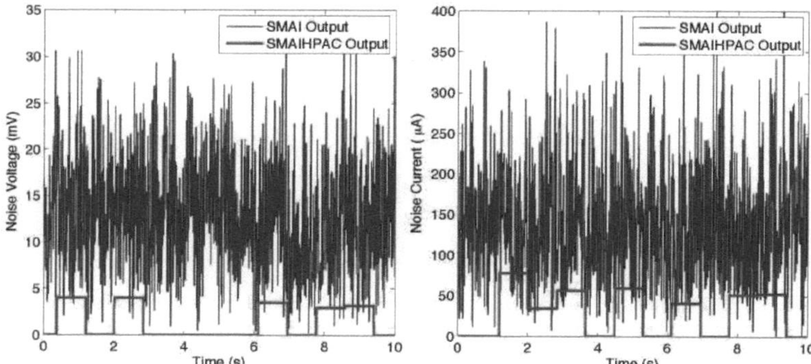

Figura A.8: Níveis de ruído na TRM

A configuração para as medições de linearidade e exatidão é apresentada na figura A.9. Todos os sinais foram gerados por uma unidade de alta precisão - OMICRON CMC 256-6. As saídas de tensão e corrente do CMC 256-6 foram diretamente ligadas às entradas de corrente e tensão no TRM do REG670. Estas foram o canal 1 e o canal 11, respetivamente. As medições foram registadas a partir do visor gráfico do relé. As medições são apresentadas na figura A.10.

No lado esquerdo da figura, pode ver-se que as medições são lineares. Além disso, a frequência do sinal não afecta as medições apresentadas. O lado direito da figura mostra os desvios das medições em relação aos valores reais injectados. Nenhuma medição se desvia mais de 10 mV do valor real injetado nas quatro frequências testadas. Foi feita uma tentativa de medir a linearidade e a precisão também para os níveis de corrente baixos. No entanto, as medições não foram estáveis. Após exame da forma de onda da corrente injectada, verificou-se que as formas de onda apresentavam falhas e irregularidades. Por conseguinte, não foram efectuadas medições com correntes de baixo nível.

O que se pode concluir é que o REG670 fornece medições exactas e lineares a tensões de nível baixo. Espera-se que tenha um bom desempenho com diferentes dispositivos de medição com saídas de tensão secundária. No entanto, verificou-se que, a tensões inferiores à tensão nominal mais baixa, as medições eram menos exactas e estáveis. Embora não tenha sido possível testar o desempenho a correntes de baixo nível, o Capítulo 4 apresenta uma tentativa de utilizar as correntes secundárias dos transformadores de corrente como sinais de saída.

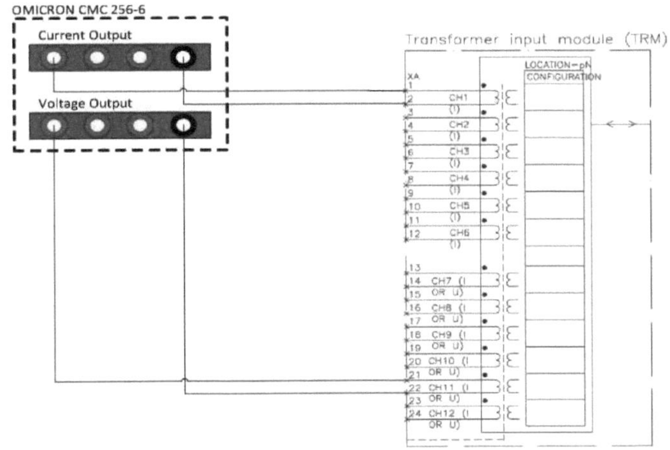

Figura A.9: Ensaio das entradas de tensão e corrente do REG670

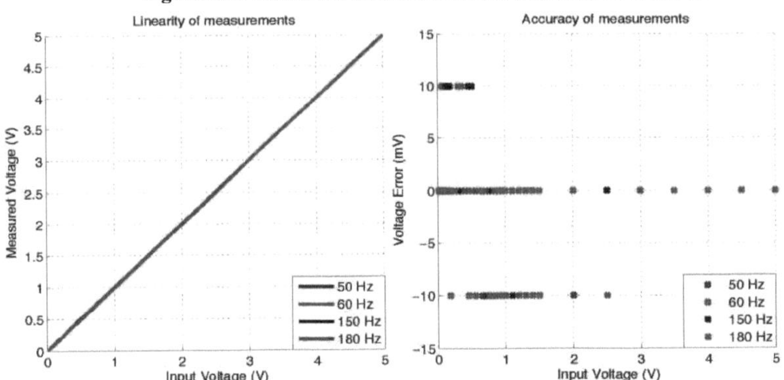

Figura A.10: Linearidade e exatidão a baixos níveis de tensão

APÊNDICE B

Preparação do laboratório

O arranjo físico que foi construído no laboratório para testar os dispositivos de medição e os sistemas A e B discutidos nos Capítulos 3 e 4 é mostrado nas Figuras B.1 e B.2.

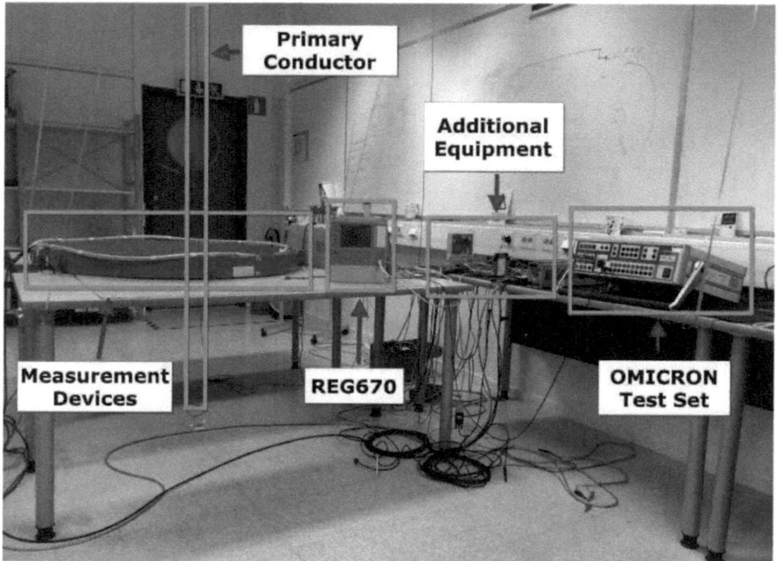

Figura B.1: Vista geral da disposição física do laboratório - Parte 1

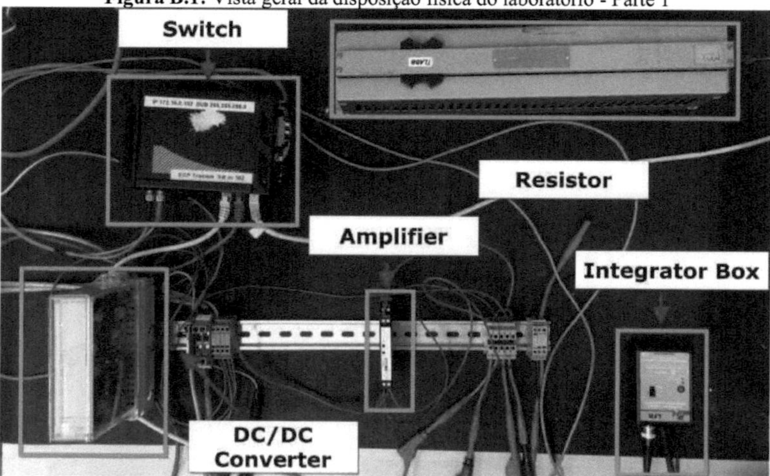

Figura B.2: Vista geral da disposição física do laboratório - Parte 2

Bibliografia

Guia de implementação da interface digital para transformadores de instrumentos utilizando a norma IEC 61850-9-2.

Malarenergi Vattenkraft AB. *Hallstahammar kraftstation Tekniska uppgifter*, 2009.

P.L. Alger e H.W Samson. Shaft currents in electric machines (Correntes de veio em máquinas eléctricas). *Instituto Americano de Engenheiros Eléctricos, Journal of the*, 42(12):1325-1334, Dez 1923.

A. Apostolov. Aplicações e benefícios do barramento de processo Iec 61850 9-2. Em *Developments in Power System Protection (DPSP 2010). Managing the Change, 10th IET International Conference on*, páginas 1-5, março de 2010.

W. Buchanan. Current in bearings of electric generators (Corrente em rolamentos de geradores eléctricos). *Electrician (Londres)*, 75:266-267, maio de 1915.

M.J. Costello. Tensões de eixo e máquinas rotativas. In *Petroleum and Chemical Industry Conference, 1991, Record of Conference Papers, Industry Applications Society 38th Annual*, pages 71-78, Sep 1991.

G Crotti, Domenico Giordano e Andrea Morando. Análise do comportamento da bobina de rogowski em condições de medição não ideais.

Grupo Schaeffler. Rolamentos com isolamento de corrente. "http://www.schaeffler. com/remotemedien/media/_shared_media/08_media_library/01_ publications/schaeffler_2/tpi/downloads_8/tpi_206_de_en.pdf". Acedido em: 2015-04-20.

Sohre Turbomachinery Inc. Rolamentos Babbitt, danos na superfície. http: //www.sohreturbo.com/damage-examples/babbit-bearings.php. Acedido em: 2015-04-15.

P. Aloszko J. Krata. Nova tecnologia de medição da corrente de veio em turbo e hidrogeradores para fins de proteção. Relatório técnico, ABB CRC Polónia, 2013.

L.A. Kojovic. Caraterísticas comparativas de desempenho de transformadores de corrente e bobinas de rogowski utilizados para fins de relé de proteção. Em *Power Engineering Society General Meeting, 2007. IEEE*, páginas 1-6, junho de 2007.

R. Kuffel, D. Ouellette e P. Forsyth. Simulação e teste em tempo real usando iec 61850. Em *Modern Electric Power Systems (MEPS), 2010 Proceedings of the International Symposium*, páginas 1-8, setembro de 2010.

P.J. Link. Minimização de correntes de rolamentos eléctricos em sistemas de acionamento de velocidade ajustável. Em *Pulp and Paper Industry Technical Conference, 1998. Registo da Conferência Anual de 1998*, páginas 181-195, junho de 1998.

A. Muetze e H.W. Oh. Aspectos de conceção de anéis de microfibras condutoras para fins de ligação à terra do veio. *Industry Applications, IEEE Transactions on*, 44(6):1749-1757, Nov 2008.

P.I. Nippes. Compreender a tensão do veio e as correntes de ligação à terra dos geradores de turbinas. Produtos e serviços magnéticos, Inc.

P.I. Nippes. Early warning of developing problems in rotating machinery as provided by monitoring shaft voltages and grounding currents. *Energy Conversion, IEEE Transactions on*, 19(2):340-345, junho de 2004.

H.W. Oh e A.H. Willwerth. Novo design de motor com anel de aterramento de eixo de microfibra condutiva evita falha de rolamento em motores acionados por inversor pwe. Na *Electrical Insulation Conference and Electrical Manufacturing Expo, 2007*, páginas 240-246, outubro de 2007.

R. Ong, J.H. Dymond, e R.D. Findlay. Comparison of techniques for measurement of shaft currents in rotating machines (Comparação de técnicas para medição de correntes de eixo em máquinas rotativas). *Energy Conversion, IEEE Transactions on*, 12(4):363-367, Dez 1997.

Produtos ABB SA. Proteção do gerador REG670 2.0 IEC - Manual técnico.

Produtos ABB SA. *RARIC Relé de corrente de veio, Guia do utilizador*, 2004.

W.F. Ray e C.R. Hewson. Transdutores de corrente rogowski de alto desempenho. Na *Conferência de Aplicações Industriais, 2000. Registo da Conferência do IEEE 2000*, volume 5, páginas 3083-3090 vol.5, 2000.

K.J. Raymond Ong. *An Investigation of Shaft Current in a Large Sleeve Bearing Induction Machine (Uma Investigação da Corrente do Eixo numa Máquina de Indução de Rolamento de Manga Grande)*. Tese de doutoramento, Escola de Estudos Graduados, Universidade

McMaster, 1999.

Anéis de proteção de rolamentos Aegis. Edm fluting. http://www.est-aegis. com/bearing-protection-EDM-fluting.php. Acedido em: 2015-04-15.

M.H. Samimi, A. Mahari, M.A. Farahnakian, e H. Mohseni. Princípios e aplicações da bobina de rogowski: A review. *Sensors Journal, IEEE*, 15(2):651-658, Feb 2015.

R.F. Schiferl e M.J. Melfi. Opções actuais de remediação de rolamentos. *Revista Industry Applications, IEEE*, 10(4):40-50, julho de 2004.

V. Skendzic e B. Hughes. Usando bobinas de rogowski dentro de relés de proteção. Em *Protective Relay Engineers, 2013 66th Annual Conference for*, páginas 1-10, abril de 2013.

SKF. Rolamentos com isolamento elétrico da skf. "http://www.skf.com/ binary/98-111303/Motor-Insocoat-hybrid-6160_EN.pdf". Acedido em: 2015-04-20.

C. Wester, M. Adamiak e J. Vico. Protocolo Iec61850 - aplicações práticas em instalações industriais. Na *Reunião Anual da Sociedade de Aplicações Industriais (IAS), 2011 IEEE*, páginas 1-7, outubro de 2011.

Printed by Books on Demand GmbH, Norderstedt / Germany